环境监测实验与实训指导

主　编　邱　诚　周　筝

副主编　景　江　李强林　任燕玲

中国环境出版集团・北京

图书在版编目（CIP）数据

环境监测实验与实训指导/邱诚，周筝主编. —北京：中国环境出版集团，2020.9
ISBN 978-7-5111-4446-1

Ⅰ. ①环… Ⅱ. ①邱…②周… Ⅲ. ①环境监测—实验 Ⅳ. ①X83-33

中国版本图书馆 CIP 数据核字（2020）第 180026 号

出 版 人 武德凯
策划编辑 徐于红
责任编辑 王 菲
责任校对 任 丽
封面设计 岳 帅

出版发行 中国环境出版集团
（100062 北京市东城区广渠门内大街 16 号）
网 址：http://www.cesp.com.cn
电子邮箱：bjgl@cesp.com.cn
联系电话：010-67112765（编辑管理部）
发行热线：010-67125803，010-67113405（传真）

印 刷 北京中科印刷有限公司
经 销 各地新华书店
版 次 2020 年 9 月第 1 版
印 次 2020 年 9 月第 1 次印刷
开 本 787×960 1/16
印 张 10.5
字 数 136 千字
定 价 36.00 元

前 言

近年来，为解决资源约束、环境污染和生态退化等问题，我国大力推进生态文明建设，环境保护事业迎来新的机遇和挑战。然而，在现有的高等教育课程体系下，环境类专业学生缺乏实践动手能力和创新意识、能力不能满足社会需求是当前环境类专业高等教育面临的突出问题。在学生的基本专业能力培养中，实践能力占据着至关重要的位置。面对环境类专业教育中存在的工程性缺失和创新性不足等问题，实践教育课程的改革迫在眉睫。

《环境监测实验与实训指导》针对应用型本科教育的特点和培养目标，突出环境监测技能的培养。本教材按实验实训模块编写，主要包括地表水监测、污水监测、环境空气监测、土壤监测和生物监测等内容，以实践性、应用性和创新性为特色。本书基本覆盖了环境监测领域的重要监测项目，建议教学时数为 80 学时。

《环境监测实验与实训指导》共五章，涵盖 34 个实验实训项目（27 个常规实验实训项目和 7 个基于非国标法的创新实验实训项目），内容包括：水、气、土壤和生物等环境要素中的污染物分析测定的基本原理及方法、环境监测数据处理、大型分析仪器的操作使用及环境样品的采集和处理方法，体现了实践教学的实用性和创新性。

本书的特色是：

（1）引入新方法。在已有监测方法的基础上，本书引入了新方法，尤其是某些测定步骤烦琐的实验实训项目，如总磷的测定、高锰酸盐指数的测定等，对原方法进行了改进和优化，提高了可操作性。

（2）将思想政治教育元素有机融入实训项目。本书在讲述专业知识的基础上，加入了对家国情怀、公民素质和职业素养的培养，在锻炼实验实训技能的同时，达到“课程育人”的目的。

本书编写过程中，得到了来自成都工业学院教务处、成都工业学院材料与环境工程学院和成都工业学院智慧环保大数据研究中心的大力支持；成都工业学院环境科学与工程专业的李珊珊、傅倩、何亮、马猛、韩添翼、吴月鑫、罗双吟、孙晨鑫和杨钊等同学在本书校稿过程做了大量工作，在此一并致谢。

本书可以作为应用型高校环境类专业的实训教材，也可供环境监测相关专业的科研、管理及生产人员参考。

编者

2020年1月

目 录

第一章
地表水监测

实训 1　地表水的采集与水样保存

一、实训目的

熟悉地表水采集的方法；了解地表水水样保存方法。通过实训，培养团队合作精神和职业素养。

二、仪器与试剂

带温度计的采水器，便携式 pH 计，便携式溶解氧测定仪，洗瓶，滤纸，水样瓶等。

三、实训内容

1．采样

（1）采样前的准备

采样前，要根据监测项目的性质和采样方法的要求，选择适宜材质的盛水容器和采样器，并清洗干净。此外，在采样前还需准备好交通工具。交通工具一般为船只。要求采样器具大小和形状适宜，材质化学性能稳定，不吸附待测组分，容易清洗并可反复使用。

（2）采样方法和采样器

在河流、湖泊、水库、海洋中采样，常乘监测船、采样船或手划船等交通工具到采样点采集，也可涉水和在桥上采集。

采集表层水水样时，可用适当的容器（如塑料筒等）直接采集。

采集深层水水样时，可用简易采水器、深层采水器、采水泵、自动采水器等。

（3）采集水样注意事项

①测定悬浮物、pH、溶解氧、生化需氧量、油类、硫化物、余氯、放射性物

质、微生物等项目需要单独采样；测定溶解氧、生化需氧量和有机污染物等项目的水样必须充满容器；pH、电导率、溶解氧等项目宜在现场测定。另外，采样时还需同步测量水文参数和气象参数。

②采样时必须认真填写采样登记表；每个水样瓶都应贴上标签（填写采样点编号、采样日期和时间、测定项目等）；要塞紧瓶塞，必要时还要密封。

2．水样的运输与保存

（1）水样的运输

水样采集后，必须尽快送回实验室。根据采样点的地理位置和测定项目最长可保存时间，选用适当的运输方式，并做到以下两点：

①为避免水样在运输过程中震动、碰撞导致损失或玷污，将其装箱，并用泡沫塑料或纸条挤紧，在箱顶贴上标记。

②需冷藏的样品，应采取制冷保存措施；冬季应采取保温措施，以免冻裂样品瓶。

（2）水样的保存方法

从采集到分析测定这段时间内，环境条件的改变、微生物新陈代谢活动和化学作用的影响会引起水样某些物理参数及化学组分的变化。不能及时运输或尽快分析时，应根据不同监测项目的要求，将水样放在性能稳定的材料制作的容器中，采取适宜的保存措施。

①冷藏或冷冻法。

冷藏或冷冻的作用是抑制微生物活动，降低物理挥发和化学反应速度。

②加入化学试剂保存法。

加入生物抑制剂：如在测定氨氮、硝酸盐氮、化学需氧量的水样中加入 $HgCl_2$，可抑制生物的氧化还原作用；对测定苯酚的水样，用 H_3PO_4 调至 pH 为 4 时，加入适量 $CuSO_4$，即可抑制苯酚菌的分解活动。

调节 pH：常用 HNO_3 将测定金属离子的水样酸化至 pH 为 1～2，既可防止重金属离子水解沉淀，又可避免金属被器壁吸附；向测定氰化物或挥发性酚的水样加入 NaOH 调至 pH 为 12，使之生成稳定的酚盐等。

加入氧化剂或还原剂：如测定汞的水样需加入 HNO_3（至 pH＜1）和 $K_2Cr_2O_7$（0.05%），使汞保持高价态；向测定硫化物的水样加入抗坏血酸，可以防止硫化物被氧化；测定溶解氧的水样则需加入少量硫酸锰和碘化钾固定溶解氧等。

一些常见测定项目的水样保存方法见表 1-1。

表 1-1　常见测定项目的水样保存方法

测定项目	盛水器材料	保存方法	最大存放时间
温度	塑料或玻璃	—	立即测定
嗅味	玻璃	4℃冷藏	24 h
色度	塑料或玻璃	4℃冷藏	24 h
浑浊度	塑料或玻璃	4℃冷藏	4～24 h
电导率	塑料或玻璃	4℃冷藏	7 d
总固体	塑料或玻璃	4℃冷藏	7 d
悬浮固体	塑料或玻璃	4℃冷藏	7 d
溶解固体	塑料或玻璃	4℃冷藏	7 d
pH	塑料或玻璃	4℃冷藏	最好现场测定
酸度	塑料或玻璃	4℃冷藏	24 h
碱度	塑料或玻璃	4℃冷藏	24 h
硬度	塑料或玻璃	4℃冷藏	7 d
钙	塑料或玻璃	4℃冷藏	7 d
镁	塑料或玻璃	4℃冷藏	7 d
钾	塑料	4℃冷藏	7 d
钠	塑料	4℃冷藏	7 d
游离氯	玻璃	—	立即测定
氯化物	塑料或玻璃	4℃冷藏	7 d
硫酸盐	塑料或玻璃	4℃冷藏	7 d
亚硫酸盐	塑料或玻璃	4℃冷藏	24 h
硫化物	玻璃	500 mL 水样中加入 1 mol/L 的 $Zn(OAc)_2$ 溶液 2 mL，再加入 1 mol/L 的 NaOH 溶液 2 mL，常温避光保存	24 h
氰化物	塑料	加 NaOH 至 pH=10～11，然后 4℃冷藏	24 h

测定项目	盛水器材料	保存方法	最大存放时间
氰化物	塑料	4℃冷藏	7 d
溶解氧	玻璃	—	尽快测定，现场固定
生化需氧量	玻璃	4℃冷藏	24 h
化学需氧量	玻璃	加 H_2SO_4，酸化至 pH≤2（或至 pH<2），然后 4℃冷藏	7 d
总有机碳	玻璃	4℃冷藏	7 d
氨氮	塑料或玻璃	加 H_2SO_4 酸化至 pH≤2	7 d
硝酸盐氮	塑料或玻璃	4℃冷藏	7 d
亚硝酸盐氮	塑料或玻璃	加 $HgCl_2$，20～40 g/L 水样，然后 4℃冷藏	24 h
有机氮	玻璃	4℃冷藏	24 h
总金属	塑料	加 HNO_3，2～10 mL/L 水样，然后 4℃冷藏	数周
溶解金属	塑料	现场过滤水样后再加 2～10 mL/L 水样，然后 4℃冷藏	数周
汞	塑料	加 HNO_3，5～10 mL/L 水样，然后 4℃冷藏	7 d
总铬	塑料	加 HNO_3 至 pH<2，然后 4℃冷藏	12 h
六价铬	塑料	加 NaOH 至 pH=8.5，然后 4℃冷藏	12 h
镉	塑料或玻璃	加 HNO_3 至 pH<2，然后 4℃冷藏	7 d
		加 H_2SO_4 至 pH<2，然后 4℃冷藏	7 d
砷	塑料或玻璃	加浓 HNO_3 或浓 HCl 至 pH<2	14 d
硒	塑料或玻璃	4℃冷藏	7 d
硅	塑料	现场过滤，然后 4℃冷藏	7 d
硼酸盐	塑料	4℃冷藏	7 d
总磷	塑料或玻璃	4℃冷藏	7 d
正磷酸盐	塑料或玻璃	现场过滤，然后 4℃冷藏	24 h
酚类	玻璃	用 H_3PO_4 调至 pH=2，每 500 mL 水样用 0.01～0.02 g 抗坏血酸去除余氯，4℃冷藏	24 h
油类	玻璃	加 H_2SO_4，1～2 mL/L 水样（或至 pH<2），然后 4℃冷藏	24 h
合成洗涤剂	玻璃	加 $HgCl_2$，20～40 mg/L 水样，然后 4℃冷藏	24 h
苯胺	玻璃	4℃冷藏	24 h
硝基苯	玻璃	4℃冷藏	24 h
有机氯	玻璃	加 H_2SO_4 至 pH<2	24 h
多环芳烃	玻璃	4℃冷藏	7 d

思政小课堂：细致认真、严谨诚信——环境监测需要这样的职业素养

环境监测是环境保护工作的“耳目”。环境监测是通过采样、测定、实验研究和数据整理等一系列系统性工作来完成的科学技术活动，是环境保护工作的基础环节，同时也为环保部门做出正确决策提供事实依据。环境监测的过程一般为：现场调查—监测方案制定—优化布点—样品采集—运送保存—分析测试—数据处理—综合评价等。

我国环境污染的加剧为环境监测工作带来了更大的压力，同时也对环境监测相关工作有了更高的要求。在环境监测过程中仍然存在着干扰因素，值得同学们注意。在不利因素干扰下，过硬的职业技能和优良的职业素养是做好环境监测工作的必要条件。

1．监测方案与采样

在现场采样中，采样方案的设计与前期准备存在工作干扰。由于环境监测人员要在不同地区展开监测，频繁出差，并不是对每一地区的地理特性、气候特征都熟悉，所以工作人员在前期要准备好一系列工作，以便环境监测工作的开展。如前往高原地区进行采样，往往需要 48 ~ 72 h 甚至更长时间，采样人员的身体素质和心理素质高低决定了采样过程是否能够顺利进行。采样工作中还会遇到不少具体的困难和阻碍，需要采样人员时刻保持良好的工作状态，秉持细致认真的工作作风。在采样方案设计中，要明确采样的目标和任务，确定好监测任务，进而才能进行任务分配。采样方案对现场环境监测具有重要的指导作用，影响到监测质量，因此一定要做好准备工作。

2．样品保存

根据环境监测相关规范，在样品的保存环节对容器有着严格的规定，影响因子会导致样品在容器内发生不同的化学变化、物理变化、生物作用，对环境监测的数据结果带来影响。环境监测相关规范对样品的保存进行了详细的规定，样品应单独用特定的容器保存，有的还需要低温贮存，要准确地标识不同的样品。比如对于溶解氧指标，需要单独保存样品，且要严格执行样品密封保存的规定。因此，在样品采集后应该严格按照规定进行保存，选择正确的容器和保存条件，保持好容器的清洁，避免对样品造成破坏。

3．质量控制

质量控制是环境监测质量得以保证的关键环节。从监测任务开始，质量控制部门就应对实施监测的各个环节进行检测监督，防止不规范的操作影响监测结果。环境监测人员在工作中应进行经验总结，做好实时记录，以便在处理类似问题时参考。如果工作人员工作不严谨、不按照规定操作，会导致样品混淆、样品破坏、药品使用不规范和数据记录混乱等问题出现。

4．职业诚信

为了保证环境监测结果的可靠性，在采样记录、实验数据记录等环节上，监测人员应该按照国家统一标准格式进行详细填写，做到真实记录、客观记录，不得在他人授意下虚假填写，不得擅自涂改、销毁或谎报数据，放入档案后妥善保管，有效备份。

目前，我国进入生态文明发展新的阶段，生态文明理念已被越来越多的人认可和践行。环境监测是做好环境保护工作的第一步，其影响贯穿环境保护过程始末。所以，环境监测工作人员肩负重要责任。只有采样数据记录准确、样品有效保存、质量控制认真执行、优良的职业素养贯穿始末，才能保证环境监测有意义，才能为制定科学的环境保护政策提供正确的指导。

实训 2　水质采样器创新设计

一、实训任务

水质采样是水质分析监测工作中的一项基础工作。水质采样离不开水质采样器。而水质采样器的正确使用是水环境监测准确性和有效性的基础和保证。

传统的水质采样器存在采水效率较低、采样深度难以把控、密闭性较差等问题。针对传统水质采样器存在的缺点，本书编写者对其进行改进和优化，设计了新型水质采样器。

二、实训案例

1．新型水质采样器名称

钢珠式多深度水质采样器（专利申请号：202020180624.7）

2．新型水质采样器设计思路

针对传统水质采样器的缺点，本书编写者设计了一种钢珠式多深度水质采样器。采样器由虎口型固定夹、距离控制杆和采样器主体三部分构成。采样器主体为圆柱状，内部均分为三大空间，各空间之间完全密封隔开，每个空间均设有密封口、钢珠组成的可控水样进入端口和瓶盖式旋转出水口，采样器主体底部设有重量控制块，可满足多深度采样的需求。在采样器上部，有虎口型固定夹，同时虎口型固定夹与距离控制杆为一个整体；距离控制杆为伸缩式，每根杆上均有刻度，距离控制杆中有连接采样器主体封口处钢珠和虎口型固定夹上方绳索 V 型固定口的高密度绳索。

新型水质采样器结构如图 2-1 所示。

3．采样技术方案

（1）到达指定水样采集地点（桥梁、船沿等），通过虎口型固定夹固定采样器，伸缩有刻度的距离控制杆使采样器到达指定深度（拉伸时保持绳索的绷直状态），底部铅块使得伸缩杆和采样器主体能保持垂直状态的同时，增强对水流冲力的抗性。

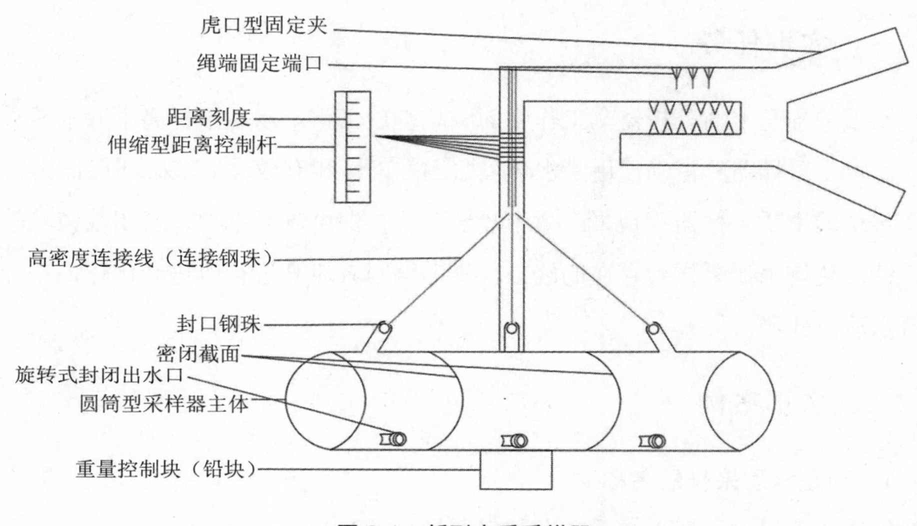

图 2-1　新型水质采样器

（2）连接钢珠的绳索以颜色区分对应的采样空间，将连接第一个空间的控制绳放松，绳末端的钢珠在自身重力的影响下滑入采样器主体内部，由于采样器内部与外部的压强差，该深度的水样自动流入第一个空间内。

（3）保持该状态 10 min，以确保水样将空间填充满，拉动控制绳使钢珠回到初始位置，第一个采样空间再次密闭，同时通过固定末端保持绳索的绷直状态。

（4）重复下放采样器到下一采样深度两次（拉伸时保持绳索的绷直状态），每次重复（3）的操作，此时三个采样空间均采集到对应深度的水样。

采样完成后，伸缩控制杆收回采样器（拉伸时保持绳索的绷直状态）。

（5）结束采样后，旋转出水口处的密封盖，打开出水口，将对应深度的水样取出。

实验3　色度的测定（铂钴比色法）

一、实验原理

用氯铂酸钾与氯化钴配成标准色列，与水样进行目视比色。每升水中含有1mg铂和0.5 mg钴时所具有的颜色，称为1度，作为标准色度单位。

如水样浑浊，则放置澄清，亦可用离心法或用孔径为0.45 μm的滤膜过滤以去除悬浮物，但不能用滤纸过滤，因滤纸可吸附部分色素。

二、仪器与试剂

1．主要仪器

50 mL具塞比色管，其刻线高度应一致。

2．试剂

铂钴标准溶液：称取1.246 g氯铂酸钾（K_2PtCl_6）（相当于500 mg铂）及1.000 g氯化钴（$CoCl_2 \cdot 6H_2O$）（相当于250 mg钴），溶于100 mL水中，加入100 mL浓盐酸（12 mol/L），用水定容至1 000 mL。此溶液色度为500度，保存在密塞玻璃瓶中，放置于暗处。

三、实验步骤

1．标准色列的配制

向50 mL比色管中分别加入0 mL、0.50 mL、1.00 mL、1.50 mL、2.00 mL、2.50 mL、3.00 mL、3.50 mL、4.00 mL、4.50 mL、5.00 mL、6.00 mL及7.00 mL铂钴标准溶液，用水稀释至标线，混匀。各管的色度依次为0度、5度、10度、15度、20度、25度、30度、35度、40度、45度、50度、60度和70度。密塞保存。

2. 水样的测定

（1）分取 50.0 mL 澄清透明水样于比色管中，如水样色度较大，可酌情少取水样，用水稀释至 50.0 mL。

（2）将水样与标准色列进行目视比较。观察时，可将比色管置于白瓷板或白纸的背景上，使光线从管底部向上透过液柱，目光自管口垂直向下观察，记下与水样色度相同的铂钴标准色列的色度。

四、实验结果

$$色度=\frac{A\times 50}{B}$$

式中：A——稀释后水样相当于铂钴标准色列的色度；

B——水样的体积，mL。

五、注意事项

①可用重铬酸钾代替氯铂酸钾配制标准色列。方法是：称取 0.043 7 g 重铬酸钾和 1.000 g 硫酸钴（$CoSO_4 \cdot 7H_2O$），溶于少量水中，加入 0.50 mL 浓硫酸（18.4 mol/L），用水稀释至 500 mL。此溶液的色度为 500 度，不宜久存。

②如果样品中有泥土或其他分散很细的悬浮物，虽经预处理仍得不到透明水样时，则只测其表色。

实验 4　浊度的测定

一、实验原理

将水样与用硅藻土配制的浊度标准液进行比较，规定 1 mg 硅藻土在 1 000 mL 水中所产生的浊度为 1 度。该方法适用于测定饮用水和地表水等低浊度的水，最低检测浊度为 1 度。

二、仪器与试剂

1．主要仪器

1 000 mL 量筒，蒸发皿，烘箱，干燥器，250 mL、1 000 mL 容量瓶，100 mL 比色管，250 mL 具塞玻璃瓶，移液管。

2．试剂

（1）浊度标准液的配制

浊度标准贮备液：称取 10 g 通过 0.1 mm 筛孔的硅藻土于研钵中，加入少许水调成糊状并研细，移至 1 000 mL 量筒中，加水至标线。充分搅匀后，静置 24 h。用虹吸法仔细将上层 800 mL 悬浮液移至第二个 1 000 mL 量筒中，向其中加水至 1 000 mL，充分搅拌，静置 24 h。用虹吸法吸出上层含较细颗粒的 800 mL 悬浮液弃去，下部溶液加水稀释至 1 000 mL。充分搅拌后，存放于具塞玻璃瓶中，其中硅藻土颗粒直径大约为 400 μm。

用移液管取 50.0 mL 上述悬浊液置于恒重的蒸发皿中，在水浴上蒸干，置于 105℃烘箱中烘 2 h。置于干燥器冷却 30 min，称重。重复以上操作，即烘 2 h，冷却，称重，直至恒重。求出 1 mL 悬浊液含硅藻土的重量（mg）。

（2）浊度为 250 度的标准液的配制

用移液管吸取含 250 mg 硅藻土的悬浊液，置于 1 000 mL 容量瓶中，加水至标线，摇匀。此溶液浊度为250度。

（3）浊度为100度的标准液的配制

用移液管吸取100 mL浊度为250度的标准液于250 mL容量瓶中，用水稀释至标线，摇匀。此溶液浊度为100度。

三、实验步骤

1. 浊度低于10度的水样测定

①用移液管吸取浊度为100度的标准液0 mL、1.0 mL、2.0 mL、3.0 mL、4.0 mL、5.0 mL、6.0 mL、7.0 mL、8.0 mL、9.0 mL及10.0 mL于100 mL比色管中，加水稀释至标线，混匀，配制成浊度为0度、1度、2度、3度、4度、5度、6度、7度、8度、9度和10度的标准液。

②取100 mL摇匀水样于100 mL比色管中，与上述标液进行比较。可在黑色底板上由上向下垂直观察，选出与水样产生相近视觉效果的标准液，记下其浊度值。

2. 浊度为10度以上的水样测定

①吸取浊度为250度的标准液0 mL、10.0 mL、20.0 mL、30.0 mL、40.0 mL、50.0 mL、60.0 mL、70.0 mL、80.0 mL、90.0 mL及100.0 mL置于250 mL容量瓶中，加水稀释至标线，混匀，即得浊度为0度、10度、20度、30度、40度、50度、60度、70度、80度、90度和100度的标准液，将其移入成套的250 mL具塞玻璃瓶中。

②取250 mL摇匀水样置于成套的250 mL具塞玻璃瓶中，瓶后放一有黑线的白纸板作为判别标志。从瓶前向后观察，根据目标的清晰程度选出与水样产生相近视觉效果的标准液，记下其浊度值。

③水样浊度超过100度时，用无浊度水稀释后测定。

四、注意事项

①样品应收集到具塞玻璃瓶中，取样后尽快测定。如需保存，应保存在冷暗处，不超过 24 h。测试前应振摇并恢复到室温。

②所有与样品接触的玻璃器皿必须清洁，可用 0.1 mol/L 的稀盐酸或表面活性剂清洗。

③水样无气泡。

④如浊度超过 100 度，可酌情少取，用无浊度水稀释至 50.0 mL。

实验 5　自来水溶解性总固体与电导率相关性

一、实验创新原理

溶解性总固体是指水中溶解的无机矿物成分的含量，是水质监测的指标之一，与人体健康密切相关。电导率是水体物理性状指标之一，是在水溶液中插入面积为 1 cm^2 的两电极片、相隔 1 cm 时所测得的电导值。一般情况下，电导率越高说明水中可溶离子盐浓度越高。由此可知，溶解性总固体与电导率均反映了水中离子总量，应存在一定关联性。

《生活饮用水标准检验方法》（GB/T 5750—2006）中的称量法测定水中溶解性总固体需要经过蒸发、烘干、称量、恒重等步骤，方法烦琐耗时，且易受环境和操作个体因素影响。为简化实验流程，通过分析溶解性总固体和电导率之间的关系，得出两者相关性，可为水中溶解性总固体的测定提供新方向。

二、仪器与试剂

1．仪器

电导率仪，电热干燥箱，电子天平等。

2．试剂

去离子水，溶解性总固体标准液等。

三、实验步骤

1．标准系列使用液的配制

取溶解性总固体标准液配制成 0.0 mg/L、40.0 mg/L、80.0 mg/L、160.0 mg/L、320.0 mg/L、640.0 mg/L 和 1 200.0 mg/L 的标准系列使用液。

2．电导率测定

校准仪器后，向烧杯中加入适量水样，将电极浸于水样中静置，稳定后读数。

四、实验结果

将溶解性总固体标准系列浓度作为横坐标，所测电导率作为纵坐标，绘制标准曲线。在质量浓度为 0～1 200 mg/L 时，计算得线性方程为：

$$E = kt + c,\ r^2$$

式中：E——电导率，μS/cm；

k——系数；

t——溶解性总固体，mg/L；

c——常数；

r^2——相关系数。

配制质量浓度为 200 mg/L 的标准溶液测电导率，重复 6 次，填入表 5-1。

表 5-1　电导率法测定的溶解性总固体精密度结果

次数	1	2	3	4	5	6	均值	RSD/%
测定值/（μS/cm）								

研究自来水中电导率与溶解性总固体的相关性并建立线性回归方程的主要目的是通过测定电导率来推算溶解性总固体，可作为日常检测时的参考。以某居民小区自来水、污水处理厂进水和出水作为检测对象，进行溶解性总固体的理论值与实测值（国标法）比对，将结果填入表 5-2，检验新的测定方法的准确性。

表 5-2 水中溶解性总固体理论值与实测值比对

序号	电导率/（μS/cm）	溶解性总固体		绝对误差/（mg/L）	相对误差/%
		理论值/（mg/L）	实测值/（mg/L）		
1					
2					
3					

实验 6　水中溶解氧的测定

一、实验原理

硫酸锰与氢氧化钠作用生成氢氧化锰，氢氧化锰与水中溶解氧结合生成含氧氢氧化锰，含氧氢氧化锰与过量的氢氧化锰反应生成偏锰酸锰，在酸性条件下偏锰酸锰与碘化钾反应析出碘，用硫代硫酸钠标准溶液滴定析出的碘。根据硫代硫酸钠标准溶液的消耗量求得水样中溶解氧（DO）的含量。

二、仪器与试剂

1. 仪器

250 mL 溶解氧瓶，250 mL 碘量瓶，酸式滴定管，气压计，温度计，乳胶管。

2. 试剂

①硫酸锰溶液：称取 48 g $MnSO_4 \cdot 4H_2O$（AR[①]）溶于水中至 100 mL，过滤后使用。

②碱性碘化钾：称取 50 g NaOH（AR）溶于 40 mL 蒸馏水中，另称取 15 g KI（AR）溶于 20 mL 蒸馏水中，待 NaOH 溶液冷却后，合并两溶液，加水至 100 mL。静置 24 h 后取上清液备用。

③浓硫酸。

④1%淀粉指示剂：称取 1 g 可溶性淀粉，置于小烧杯中，加少量纯水调成糊状，在不断搅拌下将糊状液倒入 100 mL 正在沸腾的纯水中，继续煮沸 2～3 min，冷却后移入瓶中使用。

⑤6 mol/L 盐酸溶液。

⑥0.025 mol/L 硫代硫酸钠标准溶液：应先配成 0.1 mol/L 的硫代硫酸钠溶液，

① 分析纯。

标定出准确浓度后，再用纯水稀释至 0.025 mol/L。

⑦0.1 mol/L 硫代硫酸钠标准溶液配制：称取 13 g 硫代硫酸钠 $Na_2S_2O_3 \cdot 5H_2O$ 置于烧杯中，溶于 500 mL 煮沸放冷的纯水中，此溶液的浓度为 0.1 mol/L。移入棕色瓶中放置 7～10 d 进行标定。

标定方法：将 $K_2Cr_2O_7$ 置于烘箱烤至恒重，用减重法精确称取 1.1 g，置于小烧杯中，加纯水使其完全溶解，并移入 250 mL 容量瓶中，用少量纯水洗涤小烧杯多次，洗涤液一并移入容量瓶中，定容。移取 25.00 mL $K_2Cr_2O_7$ 溶液于 250 mL 碘量瓶中，加 20 mL 水和 2 g KI 晶体，再加 6 mol/L 盐酸溶液 5 mL，密塞，摇匀，水封，在暗处静置 10 min。加纯水 50 mL，用待标定的 $Na_2S_2O_3$ 标准溶液滴定至溶液呈淡黄色时（近终点），加入 2 mL 1%淀粉指示剂，继续滴至溶液从蓝色变为亮绿色为止。记录 $Na_2S_2O_3$ 溶液消耗的量（平行测定 3 份）。计算出 $Na_2S_2O_3$ 标准溶液浓度。

三、实验步骤

1．采样

先打开水龙头放水几分钟，将橡皮管的一头接在水龙头上，另一头插到溶解氧瓶底部，待瓶中水满外溢数分钟后，取出橡皮管，盖好瓶塞。同时记录气温和大气压。

2．溶解氧的固定

打开溶解氧瓶，将吸管尖端沿瓶口插入水样液面以下，缓加硫酸锰 2.0 mL、碱性碘化钾溶液 2.0 mL。盖好瓶塞，颠倒摇晃至少 15 次，此时应有黄至棕色沉淀物形成。

3．碘的游离

待沉淀物下降至瓶高一半时，将吸管尖端沿瓶口插入水样液面以下，加入浓硫酸 2.0 mL，盖紧瓶塞，颠倒混合至瓶中的沉淀物全部溶解。若未完全溶解，则补加硫酸。

4．滴定游离碘

取两份上述水样各 100.00 mL，分别置于 250 mL 碘量瓶中，用 0.025 mol/L $Na_2S_2O_3$ 标准溶液滴定至淡黄色，加入 1 mL 淀粉指示剂，继续滴定至蓝色刚好褪去，记录消耗量。取两次测定的平均值。

5．计算

$$DO = (0.025\,00 \times V \times 8 \times 1\,000)/100$$

式中：V——$Na_2S_2O_3$ 溶液消耗的量，mL。

四、注意事项

①应将移液管尖端插入液面之下，慢慢加入硫酸锰、碱性碘化钾和硫酸，以免将空气中氧带入水样中引起误差。

②应该先将溶液由棕色滴定至淡黄色，再滴加淀粉指示剂。

③水样中存在大量 Fe^{2+}时，会消耗游离出来的碘，使测定结果偏低。此时应先加入 $KMnO_4$ 溶液将 Fe^{2+}氧化为 Fe^{3+}，再加入 NaF 掩蔽生成的 Fe^{3+}。

④水样中的悬浮物质较多时会吸附游离碘而使结果偏低，此时预先用明矾在碱性条件下水解，生成 $Al(OH)_3$ 后再凝聚水中的悬浮物质，取上清液测定溶解氧。

实验 7 测定鱼塘中溶解氧的新方法

一、实验创新原理

水样中溶解氧是衡量水样自净能力的指标。水中溶解氧的含量直接影响水生动物的健康，因此对鱼塘养殖来说，水中溶解氧含量是非常重要的指标。水溶解氧含量的测量对于环境监测以及水产养殖业的发展都具有重要意义。

硫酸锰与氢氧化钠作用生成氢氧化锰，氢氧化锰与水中溶解氧结合生成含氧氢氧化锰，含氧氢氧化锰与过量的氢氧化锰反应生成偏锰酸锰，在酸性条件下偏锰酸锰与碘化钾反应析出碘，碘溶液呈黄色至棕褐色。根据颜色深浅，通过比色法求得水样中溶解氧的含量。

二、仪器与试剂

1．仪器

250 mL 溶解氧瓶，乳胶管等。

2．试剂

①硫酸锰溶液：称取 48 g $MnSO_4 \cdot 4H_2O$（AR）溶于水中至 100 mL，过滤后使用。

②碱性碘化钾：称取 50 g NaOH（AR）溶于 40 mL 蒸馏水中，另称取 15 g KI（AR）溶于 20 mL 蒸馏水中，待 NaOH 溶液冷却后，合并两溶液，加水至 100 mL。静置 24 h 后取上清液备用。

三、实验步骤

1．采样

用虹吸法吸取水样到 250 mL 的溶解氧瓶中，盖好瓶塞。

2. 溶解氧的固定

打开溶解氧瓶，将吸管尖端沿瓶口插入水样液面以下，缓加硫酸锰 2.0 mL、碱性碘化钾溶液 2.0 mL。盖好瓶塞，颠倒摇晃至少 15 次，此时应有黄至棕色沉淀物形成。

3. 比色

将溶解氧瓶中溶液颜色与比色卡进行对比，得到溶解氧含量。

四、注意事项

该方法是测定溶解氧的快速、简便方法，适用于检测精确度要求不高的情况，如鱼塘中溶解氧的测定。

思政小课堂：让技术服务于乡村振兴——如何提高鱼塘中溶解氧含量

渔业是农业农村经济的重要产业。保护和增殖渔业资源是促进渔业可持续发展和渔民稳定增收的重要途径。

水中溶解氧含量的多少是决定水体的藻、菌和水体其他指标的一个主要因素，也是决定渔业养殖是否成功，饲料比、水产生长速度是否合理的一个主要指标。所以，在渔业养殖过程中必须重视溶解氧指标，不能脱离溶解氧去谈水质和生长速度等经济指标。

水中的溶解氧除了满足水生动物呼吸要求之外，还是池塘水体水质、水生动物健康生长、饲料比的决定性因素。当水中溶解氧小于 3 mg/L 时，将导致鱼类死亡。水体有充足的溶解氧是水产养殖的必要条件。提高鱼塘中溶解氧的手段主要有：

1. 曝气

曝气增氧主要是通过机械设备将外界空气转移到水中，以提高水中溶解氧含量。目前，常用的设备有潜水推流曝气机、太阳能曝气机和微纳米曝气机等。

潜水推流曝气机有倒伞型叶轮、泵型叶轮和平板型叶轮等类型。曝气过程中，在电机的带动下，叶轮旋转将水提升打碎，到达液面以上的水滴与周围空气接触，部分氧气溶入。另外，射流水滴在降落过程卷带部分空气溶入水中，同时加大水体循环流动以及上下交换，强化混合作用，也利于底部水体的复氧。

面积大、水体深的景观水体可选太阳能曝气机。太阳能的使用可大大节省能源，曝气设备安装也方便。空气的溶入可以通过曝气叶轮、微纳米曝气机实现。

微纳米曝气机可以增大气泡的比表面积，提高氧的传质效率。另外，由于气泡细小且具有良好的气浮性，可以在水中长时间停留，水质修复效果好。

2. 跌水

跌水是指水流从上游一定高度自由跌落到下游水域的过程。由于水流落差使水流在与下一级水体接触前就具有一定的势能，跌落后，水流能量传递给水体，下一级水体接受能量后流态由层流转变为紊流，液面搅动卷入空气，进行充氧。跌落瞬间，水珠的表面张力被破坏，水跌落瞬间所形成的波浪使得气水充分混合而加速充氧。

3. 加入黄粉虫壳聚糖

黄粉虫壳聚糖又称脱乙酰甲壳素，是一种白色或灰白色无臭、无味、无毒的粉末状固体，是由自然界中来源丰富的可再生天然高分子化合物甲壳素在强碱条件下经过脱乙酰作用得到的。这种天然高分子的环境相容性、安全性和微生物降解性等优良性能被各行各业广泛关注。研究表明：从黄粉虫中提取的壳聚糖，石灰质及蜡质含量低，分子量较低，提取较容易，可进一步用来制备分子量低、脱乙酰度较高的壳聚糖，在环境、医药和食品加工等领域具有广阔的应用前景。

实验证明，加入黄粉虫壳聚糖后，水样中溶解氧含量明显升高，说明黄粉虫壳聚糖对提升水样溶解氧有很大作用，而且水样溶解氧浓度越低，黄粉虫壳聚糖的处理效果就越明显，尤其适宜作为鱼塘增氧剂添加。

实验 8 高锰酸盐指数的测定

一、实验原理

高锰酸盐指数是指在一定条件下，以高锰酸钾为氧化剂，处理水样时所消耗的量，以氧的质量浓度（mg/L）来表示。水中的亚硝酸盐、亚铁盐、硫化物等还原性无机物和在此条件下可被氧化的有机物均可消耗高锰酸钾。因此，高锰酸盐指数常被作为水体受还原性有机（和无机）物质污染程度的综合指标。

在规定条件下，水中有机物只能部分被氧化，高锰酸盐指数并不是理论上的需氧量，也不能反映水体中总有机物含量。因此，用高锰酸盐指数作为水质的一项指标，以有别于重铬酸钾法测定的化学需氧量（应用于工业废水），更符合客观实际。

水样加入硫酸呈酸性后，加入一定量的高锰酸钾溶液，并在沸水浴中加热反应一定的时间。剩余的高锰酸钾，加入过量草酸钠溶液还原，再用高锰酸钾溶液回滴过量的草酸钠，通过计算求出高锰酸盐指数。

二、仪器与试剂

1. 仪器

沸水浴装置，250 mL 锥形瓶，50 mL 酸式滴定管。

2. 试剂

①0.1 mol/L 高锰酸钾溶液：称取 3.2 g 高锰酸钾溶于 1.2 L 水中，加热煮沸，使体积减少到约 1L，放置过夜，用 G-3 玻璃砂芯漏斗过滤后，滤液贮于棕色瓶中保存。

②0.01 mol/L 高锰酸钾溶液：吸取 100 mL 上述高锰酸钾溶液，用水稀释至 1 000 mL，贮于棕色瓶中。使用当天应进行标定，并调节至 0.01 mol/L 准确浓度。

③（1+3）硫酸。

④0.100 mol/L 草酸钠标准溶液：称取 0.670 5 g 在 105～110℃温度下烘干 1 h 并冷却的草酸钠溶于水，移入 100 mL 容量瓶中，用水稀释至标线。

⑤0.010 0 mol/L 草酸钠标准溶液：吸取 10.00 mL 上述草酸钠溶液，移入 100 mL 容量瓶中，用水稀释至标线。

三、实验步骤

1．分取水样

分取 100 mL 混匀水样（若高锰酸盐指数高于 5 mg/L，则酌情少取，并用水稀释至 100 mL）于 250 mL 锥形瓶中。

2．加入硫酸

加入 5 mL（1+3）硫酸，摇匀。

3．加入高锰酸钾溶液

加入 10.00 mL 0.01 mol/L 高锰酸钾溶液，摇匀，立刻放入沸水浴中加热 30 min（从水浴重新沸腾起计时）。沸水浴液面要高于反应溶液的液面。

4．滴定

取下锥形瓶，趁热加入 0.010 0 mol/L 草酸钠标准溶液 10.00 mL，摇匀。立即用 0.01 mol/L 高锰酸钾溶液滴定至呈微红色，记录高锰酸钾溶液消耗量。

5．高锰酸钾溶液浓度的标定

将上述已滴定完毕的溶液加热至约 70℃，准确加入 10.00 mL 草酸钠标准溶液（0.010 0 mol/L），再用 0.01 mol/L 高锰酸钾溶液滴定至呈微红色。记录高锰酸钾溶液消耗量，按下式求得高锰酸钾溶液的校正系数（K）：

$$K=\frac{10.00}{V}$$

式中：V——高锰酸钾溶液消耗量，mL。

若水样经稀释，应同时另取 100 mL 水，同水样操作步骤进行空白试验。

四、实验结果

按照公式计算未经稀释样品的高锰酸盐指数（mg/L）：

$$高锰酸盐指数=[(10+V_1)\times K-10]\times M\times 1\,000\times 8$$

式中：V_1——滴定水样时草酸钠溶液的消耗量，mL；

K——校正系数；

M——高锰酸钾溶液浓度，mol/L；

8——氧（1/2 氧原子）摩尔质量，g/mol。

五、注意事项

①水浴加热完毕后，溶液应仍保持淡红色，若变浅或全部褪去，说明高锰酸钾的用量不够。此时，应将水样稀释倍数加大后再重新测定。

②在酸性条件下，草酸钠和高锰酸钾的反应温度应保持在 60～80℃，所以滴定操作必须趁热进行，若溶液温度过低，需适当加热。

实验 9 高锰酸盐指数的测定方法创新

一、实验创新原理

对于纯净的水来说，海拔高度每升高 300 m，沸点温度大约下降 1℃。在高原地区，以拉萨为例，水的沸点在 86℃左右，在水浴加热阶段氧化效果不完全，滴定阶段加入草酸钠溶液后，反应温度很容易低于 60℃，造成高锰酸钾与草酸钠的反应速度缓慢，影响氧化反应的程度。

高锰酸盐指数测定方法的改进主要体现在三种方式：直接加热法、节能加热法以及微波消解法。

在直接加热法中，通过电热套或电炉等设备取代水浴加热而进行直接加热，样品中的水沸腾时，即可开始计时，维持微沸时间 10 min，再开展滴定实验操作。直接加热法具有很强的可行性，既可缩短实验时间、减小劳动强度，又可以节电，并提高实验分析的速度。因此，可将直接加热法运用到大批量水样品的测定分析中。

在节能加热法中，通过测定 COD 的加热系统对水样予以处理，在 170℃的恒温环境下进行 10 min 的加热回流，通常在水样沸腾时开始计时。与传统方法相比，其加热时间缩短，水样挥发损失减少，同时又相对地提高了测定的准确度，并保证了实验过程中的酸度。

在微波消解法中，主要通过微波对封闭容器中的消解液与水样进行加热，在高温增压的条件下达到样品快速溶解的目的，属于一种湿法消化测定方法。微波消解法所耗时间短、方法较简单、效率高，还可以减少环境污染，其分析结果与标准测定法获得的结果之间差异很小，具有极大的推广应用价值，如今也受到越来越多的关注。

二、仪器与试剂

沸水浴装置改为电热套（或电炉），其余同实验 8。

三、实验步骤

水浴方法改为直接加热。水样加热反应前，加入 0.01 mol/L 高锰酸钾溶液，摇匀，立刻放电热套加热 10 min（溶液沸腾起计时）。其余同实验 8。

四、实验结果

完成实验，并与实验 8 所用的方法进行结果对比，记录在表 9-1 中。

表 9-1　样品测定结果比较

分析次数	水浴加热法测定结果/（mg/L）	直接加热法测定结果/（mg/L）
1		
2		
3		
平均值		
相对误差		

实验 10 水中苯系物的测定

一、实验原理

水中苯系物经二硫化碳萃取后，如果含有醇、酯、醚等干扰物质，可再用硫酸-磷酸混合酸除去。最后用气相色谱仪氢火焰离子化检测器测定。其出峰顺序为：苯、甲苯、乙苯、对二甲苯、间二甲苯、邻二甲苯、苯乙烯。以相对保留时间定性，外标法或内标法（氯苯内标物）定量。

二、仪器与试剂

1. 仪器

气相色谱仪氢火焰离子化检测器：固定相为 3.5%有机皂土+2.5%邻苯二甲酸二壬酯（DNP）固定液涂于 60～80 目 101 白色担体，色谱柱为长 3 m、内径 2.5 mm 螺旋形不锈钢柱；振荡器，100 mL 分液漏斗，5.0 mL 刻度具塞试管，100 mL、10 mL 容量瓶，10 mL、5 mL 双磨口玻璃瓶，离心机，10 μL、5 μL 微量注射器。

2. 试剂

①苯系物标准贮备溶液：准确称取苯、甲苯、乙苯、对二甲苯、间二甲苯、邻二甲苯和苯乙烯各 20 mg，分别置于 10.0 mL 容量瓶中，用甲醇溶解并稀释至刻度。此溶液 1.0 mL 含 2.0 mg 苯系物。

②苯系物混合标准使用液：分别吸取苯系物标准贮备溶液于同一容量瓶中，用纯水稀释 100 倍，此溶液 1.0 mL 含 20 μg 苯系物，用时现配。

③二硫化碳。

④甲醇（优级纯）。

⑤无水硫酸钠：在 300℃灼烧 2 h 备用。

⑥氯化钠（AR）。

⑦混合酸：（2＋1）硫酸磷酸。

⑧0.1 mol/L 盐酸溶液。

⑨固定液：有机皂土；邻苯二甲酸二壬酯（AR）。

⑩载体：101 白色担体（60～80 目）。

三、实验步骤

1．萃取与净化

①将水样采集在具磨口塞的玻璃瓶中。取 100 mL 洁净的水样于 100 mL 分液漏斗中，加盐酸调节 pH 呈酸性，加 2～4 g 氯化钠，溶解后，加 5.0 mL 二硫化碳于振荡器上振摆 3 min，静止分层，弃去水相，萃取液经无水硫酸钠脱水后，供色谱分析。

②污染较重的水样（如果水样混浊，可离心后取上清液；若含量超过 1.0 mg/L，可取适量水样稀释）萃取后，于萃取液中加入 0.5～0.6 mL 混合酸开始缓缓振摇，然后剧烈振摇 1 min（注意放气），分层后弃去酸液。反复萃取至酸层无色为止。最后用 2%硫酸钠和蒸馏水洗萃取液至中性，并经过无水硫酸钠脱水，供色谱分析。

2．色谱分析

（1）色谱条件

检测器温度为 160℃；气化室温度为 250℃；柱温为 70℃；载气流量：氢气流量为 70 mL/min，空气流量为 500 mL/min。

测定：取 1.0 μL 或 4.0 μL 萃取液进样后，记录色谱峰高或峰面积。

（2）绘制标准曲线

在线性范围内，分别取苯系物混合标准溶液（氯苯内标物）0 mL、0.1 mL、1.0 mL、1.5 mL、2.0 mL、4.0 mL、5.0 mL 于 100 mL 分液漏斗中，用蒸馏水稀释至 100 mL，然后萃取。将上述不同浓度萃取溶液注入色谱仪，测得峰高或峰面积。以内标物与苯系物的峰高或峰面积的比值为纵坐标，以苯系物组分质量浓度为横坐标，绘制各组分的校准曲线。

四、实验结果

以测定样品的峰高或峰面积在标准曲线上查出相应的质量浓度并按下式计算。

$$c=\frac{V_2}{V_1}\times c_1$$

式中：c——水样中各单个苯系物组分的质量浓度，mg/L；

c_1——相当于标准苯系物质量浓度，μg/mL；

V_1——水样体积，mL；

V_2——萃取液体积，mL。

思政小课堂："水十条"的诞生——国家坚定推进生态文明建设

水环境保护事关人民群众利益。针对我国部分地区水环境质量差、水生态受损重、环境隐患多等问题，为切实加大水污染防治力度，保障国家水安全，2015年4月，环境保护部等部门制定了《水污染防治行动计划》(即"水十条")。

党中央、国务院高度重视水环境保护工作。自"九五"时期开始，就集中力量对"三河三湖"等重点流域进行综合整治，"十一五"时期以来，大力推进污染减排，水环境保护取得积极成效。但是，我国水污染严重的状况仍未得到根本性遏制，区域型、复合型、压缩型水污染日益凸显，已经成为影响我国水安全的最突出因素，污染防治形势十分严峻。

党的十八大和十八届二中、三中、四中全会对生态文明建设作出战略部署，水环境保护是生态文明建设的重要内容。习近平总书记对生态文明建设和生态环境保护作出一系列重要指示，强调要大力提高水忧患意识、水危机意识，从全面建成小康社会、实现中华民族永续发展的战略高度，重视解决好水安全问题。李克强总理强调指出，水污染直接关系人们每天的生活，直接关系人们的健康，也关系食品安全，政府必须负起责任，向水污染宣战，拿出硬措施，打好水污染防治攻坚战，建立防止反弹的机制，以看得见的成效回应群众关切的问题，推进绿色生态发展。

按照党中央、国务院的统一部署，2015年，环境保护部、国家发展改革委、科技部、工业和信息化部、财政部、国土资源部、住房和城乡建设部、交通运输部、水利部、农业部、卫生计生委、海洋局等部门共同编制了《水污染防治行动计划》。

继发布实施《大气污染防治行动计划》后，国务院印发《水污染防治行动计划》，这是我国环境保护领域的又一重大举措，充分彰显了国家全面实施大气、水、土壤治理三大战略的决心和信心。制定“水十条”是党中央、国务院实施全面建成小康社会、全面深化改革、全面依法治国重要战略，推进环境治理体系和治理能力现代化的重要内容，体现民意、顺应民心，必将对我国的环境保护、生态文明建设和美丽中国建设，乃至整个经济社会发展方式的转变产生重要而深远的影响，意义重大。

第二章
污水监测

实验 11　色度的测定（稀释倍数法）

一、实验原理

对天然和轻度污染水可用铂钴比色法测定色度，对工业有色废水常用稀释倍数法测定色度。将有色工业废水用无色水稀释到接近无色时，记录稀释倍数，以此表示该水样的色度，并辅以文字描述颜色性质，如深蓝色、棕黄色等。如水样浑浊，则放置澄清，亦可用离心法或用孔径为 0.45 μm 滤膜过滤以去除悬浮物，但不能用滤纸过滤，因滤纸可吸附部分色素。

二、仪器与试剂

50 mL 具塞比色管，其标线高度要一致。

三、实验步骤

1. 取样观察

取 100～150 mL 澄清水样置于烧杯中，以白色瓷板为背景，观察并描述其颜色种类。

2. 稀释

分取澄清的水样，用水稀释成不同倍数，分取 50 mL 分别置于 50 mL 比色管中，管底部衬一白瓷板，由上向下观察稀释后水样的颜色，并与蒸馏水相比较，直至刚好看不出颜色，记录此时的稀释倍数。

四、注意事项

如测定水样的真色，应放置澄清取上清液，或用离心法去除悬浮物后测定；如测定水样的表色，待水样中的大颗粒悬浮物沉降后，取上清液测定。

实验 12　水的色度测定方法的改进与创新

一、实验创新原理

色度测定的传统分析方法主要有稀释倍数法、铂钴标准比色法。无论是稀释倍数法还是铂钴标准比色法，均需要通过人的眼睛进行主观判断，不同的人对颜色的反应能力不同，同一实验人员在不同的生理状况下对颜色的判断也存在差异，因此目视比色法会产生一定的误差。

为了消除这种误差，可利用分光光度计代替人的眼睛，以最大吸收波长对应的吸光度定量测定色度。

二、仪器和试剂

1. 仪器

分光光度计，50 mL 双刻度具塞比色管，3 cm 比色皿，容量瓶。

2. 试剂

除特别说明外，测定中使用光学纯水及分析纯试剂。

将 0.2 μm 滤膜在 100 mL 二次蒸馏水或去离子水中浸泡 1 h，弃去第一次过滤后的二次蒸馏水或去离子水，再次过滤后的为光学纯水，作为稀释水。

三、实验步骤

1. 配制 500 度色度标准贮备液

将 1.245 g 六氯铂酸钾（K_2PtCl_6）及 1.000 g 六水氯化钴（$CoCl_2 \cdot 6H_2O$）溶于 500 mL 水中，加 100 mL 盐酸（$\rho = 1.18$ g/mL）并在 1 000 mL 的容量瓶内用水稀释至刻度。将溶液放在无色、密封的玻璃瓶中，存放在暗处，温度不能超过 30℃。该溶液至少能稳定 6 个月。

2. 配制色度系列标准溶液

在一组 500 mL 的容量瓶中，用移液管分别加入 1.0 mL、2.0 mL、3.0 mL、4.0 mL、5.0 mL、10.0 mL、20.0 mL、30.0 mL、40.0 mL 及 70.0 mL 500 度色度标准贮备液，并用水稀释至标线。溶液色度分别为 1 度、2 度、3 度、4 度、5 度、10 度、20 度、30 度、40 度、70 度。溶液放在密闭性好的无色玻璃瓶中，存放于暗处。温度不超过 30℃时，这些溶液可稳定 1 个月。

3. 分光光度计波长的选择

色度测量是相对值，被测水样的色度是通过与作为标准色系列的已知色度进行比较而求得。这种比较是通过 751-GW 分光光度计响应值而实现的，先用已知的标准色系列确定色度与吸光度之间的关系，为此，需要选择光度计对黄色溶液吸光敏感的波长，使色度与吸光度之间的关系成直线关系，并尽可能不使直线偏离零点。为选择波长，多次进行试验，在固定使用 3 cm 比色皿的条件下，选择不同波长进行试验，比较试验结果的离散性，最后确定分光光度法测定色度的最佳波长。

4. 标准曲线绘制

使用 751-GW 分光光度计，选择波长 339 nm，以光学纯水做参比，用 3 cm 比色皿测量标准色阶的吸光度，以色度为横坐标、吸光度为纵坐标绘制标准曲线，要求所得曲线的线性相关系数在 0.99 以上。

5. 水样的取用

取 50 mL 透明的水样于 50 mL 比色管中，若水样色度过高，可少取水样，加光学纯水稀释后比色，将结果乘以稀释倍数。若水样混浊，可先离心，取上层清液测定。

6. 水样色度测定

取未知色度的污水样，测定样品的吸光度。

7. 注意事项

在未作特别说明的色度测定试验中，分光光度计均使用 339 nm 波长。

四、实验讨论

1. 精密度试验

取色度为20～40度的水样进行多次测定，比较测定结果的变化差异，结果见表12-1。

表12-1 水的色度测定精密度试验结果

项目	次数					
	1	2	3	4	5	6
吸光度						
色度						
色度平均值						
绝对误差						
相对误差						
标准偏差						

2. 准确度试验

配制已知色度的试样，由检验人员分别用目视比色法和分光光度法测定试样的色度，比较分光光度法和目视比色法的准确性，试验结果见表12-2。

表12-2 水的色度测定准确度试验结果

水样	已知色度	目视比色法		分光光度法		
		色度	相对误差	吸光度	色度	相对误差
1						
2						
3						
4						

3．水样稀释后色度测定准确性

将色度为 70 度的水样进行稀释，测定稀释后水样的色度，计算线性相关系数，记录于表 12-3。

表 12-3 水样稀释后色度测定

水样稀释倍数	项目			
	吸光度	稀释后色度	稀释前色度	相对误差
1				
2				
5				
10				
15				

测定值的线性相关系数 r^2= ____________。

实验 13　总磷的测定

一、实验原理

总磷包括溶解磷、颗粒磷、有机磷和无机磷。在中性条件下用过硫酸钾使试样消解，将所含磷全部氧化为正磷酸盐。在酸性介质中，正磷酸盐与钼酸铵反应，在锑盐存在下生成磷钼杂多酸后，立即被抗坏血酸还原，生成蓝色络合物。本标准的最低检出浓度为 0.01 mg/L，测定上限为 0.6 mg/L。

二、仪器与试剂

1. 仪器

医用手提式蒸汽消毒器或一般压力锅（1.1～1.4 kg/cm^2），50 mL 比色管，分光光度计。

2. 试剂

①硫酸，ρ=1.84 g/mL。

②硝酸，ρ=1.4 g/mL。

③高氯酸，优级纯，ρ=1.68 g/mL。

④（1+1）硫酸。

⑤约 0.5 mol/L 硫酸。

⑥1 mol/L 氢氧化钠溶液。

⑦6 mol/L 氢氧化钠溶液。

⑧50 g/L 过硫酸钾溶液。

⑨100 g/L 抗坏血酸溶液，此溶液贮于棕色的试剂瓶中，在冷处稳定几周，如不变色，可长时间使用。

⑩钼酸盐溶液：将 13 g 钼酸铵[$(NH_4)_6Mo_7O_{24}\cdot 4H_2O$]溶于 100 mL 水中，将

0.35 g 酒石酸锑钾[$KSbC_4H_4O_7 \cdot 0.5H_2O$]溶于 100 mL 水中。在不断搅拌下分别把上述钼酸铵溶液、酒石酸锑钾溶液缓慢加入 300 mL（1+1）硫酸中，混合均匀。此溶液贮存于棕色瓶中，在阴凉处可保存 3 个月。

⑪浊度-色度补偿液：混合 2 体积（1+1）硫酸和 1 体积抗坏血酸溶液，使用当天配制。

⑫磷标准贮备溶液：称取 0.219 7 g 于 110℃干燥 2 h 并在干燥器中放冷的磷酸二氢钾（KH_2PO_4），用水溶解后转移到 1 000 mL 容量瓶中，加入大约 800 mL 水，加 5 mL（1+1）硫酸，然后用水稀释至标线，混匀。1.00 mL 此标准溶液含 50.0 μg 磷。本溶液在玻璃瓶中可贮存至少 6 个月。

⑬磷标准使用溶液：将 10.00 mL 磷标准贮备溶液转移至 250 mL 容量瓶中，用水稀释至标线并混匀。1.00 mL 此标准溶液含 2.0 μg 磷。使用当天配制。

⑭酚酞溶液：10 g/L，将 0.5 g 酚酞溶于 50 mL 95%的乙醇中。

三、实验步骤

1．空白试样

用蒸馏水代替试样，并加入与测定时相同体积的试剂。

2．测定

（1）消解

过硫酸钾消解：向试样中加入 4 mL 过硫酸钾，将比色管的盖塞紧后，用一小块布和线将玻璃塞扎紧，放在大烧杯中，置于高压蒸汽消毒器中加热，待压力达 1.1 kg/cm^2、相应温度为 120℃时，保持 30 min 后停止加热。待压力表读数降至零后，取出放冷。然后用水稀释至标线。

注：若用硫酸保存水样，当用过硫酸钾消解时，需先将试样调至中性。若用过硫酸钾消解不完全，则用硝酸-高氯酸消解。

硝酸-高氯酸消解：取 25 mL 试样于锥形瓶中，加数粒玻璃珠，加入 2 mL 硝酸后在电热板上加热浓缩至 10 mL。冷却后加 5 mL 硝酸，再加热浓缩至 10 mL，冷却。再加入 3 mL 高氯酸，加热至高氯酸冒白烟，此时可在锥形瓶上加小漏斗或调节电热板温度，使消解液在瓶内壁保持回流状态，直至剩下 3～4 mL，冷却。

加水 10 mL，加 1 滴酚酞指示剂，滴加氢氧化钠溶液至刚好呈微红色，再滴加 0.5 mol/L 硫酸溶液使微红刚好退去，充分混匀，移至具塞刻度管中，用水稀释至标线。

注：①用硝酸-高氯酸消解需要在通风橱中进行。高氯酸和有机物的混合物经加热易发生危险，需将试样先用硝酸消解，然后再加入高氯酸消解。

②绝不可把消解的试样蒸干。

③如消解后仍有残渣，用滤纸过滤于具塞比色管中。

④用过硫酸钾氧化不能完全破坏水样中的有机物时，可用此法消解。

（2）显色

分别向各份消解液中加入 1 mL 抗坏血酸溶液，混匀，30 s 后加 2 mL 钼酸盐溶液，充分混匀。

注：①如试样中含有浊度或色度时，需配制一个空白试样（消解后用水稀释至标线），然后向试样中加入 3 mL 浊度-色度补偿液，但不加抗坏血酸溶液和钼酸盐溶液。然后从试样的吸光度中扣除空白试样的吸光度。

②砷大于 2 mg/L 时干扰测定，用硫代硫酸钠去除。硫化物大于 2 mg/L 时干扰测定，通氮气去除。铬大于 50 mg/L 时干扰测定，用亚硫酸钠去除。

（3）分光光度法测量

室温下放置 15 min 后，使用光程为 30 mm 的比色皿，在 700 nm 波长下，以水做参比，测定吸光度。扣除空白试验的吸光度后，从工作曲线上查得磷的含量。

注：如显色时室温低于 13℃，在 20～30℃水浴中显色 15 min 即可。

（4）工作曲线的绘制

取 7 支具塞比色管，分别加入 0.0 mL、0.50 mL、1.00 mL、3.00 mL、5.00 mL、10.0 mL、15.0 mL 磷酸盐标准使用溶液，加水至 25 mL，消解、显色，以水作参比，测定吸光度。扣除空白试验的吸光度后，和对应的磷的含量绘制工作曲线。

四、实验结果

总磷含量以ρ（mg/L）表示，按下式计算：

$$\rho = \frac{m}{V}$$

式中：m——试样测得含磷量，μg；

V——测定用试样体积，mL。

实验 14 总磷的测定方法的创新

一、实验创新原理

在采用钼酸铵分光光度法测定水中总磷时，传统方法是利用高压蒸汽锅进行水样消解。但高压锅使用过程中存在一定安全隐患。用恒温干燥箱代替国标法消解试样，恒温干燥箱消解法操作方便、安全隐患较小、温度易于控制、测定结果准确、能有效减少工作时间。

二、仪器与试剂

1. 仪器

恒温干燥箱，超纯水机，50 mL 具塞比色管，可见分光光度计。

2. 试剂

①去离子水。

②（1+1）硫酸。

③50 g/L 过硫酸钾溶液：将 5 g 过硫酸钾（$K_2S_2O_8$）溶解于水，并稀释至 100 mL。

④10 g/L 抗坏血酸溶液：溶解 10 g 抗坏血酸（$C_6H_8O_6$）于水中，并稀释至 100 mL。此溶液贮存于棕色的试剂瓶中，在阴凉处可稳定几周。如不变色，可长时间使用。

⑤钼酸盐溶液：溶解 13 g 钼酸铵[$(NH_4)_6Mo_7O_{24}\cdot 4H_2O$]于 100 mL 水中。溶解 0.35 g 酒石酸锑钾[$KSbC_4H_4O_7\cdot 0.5H_2O$]于 100 mL 水中。在不断搅拌下把钼酸铵溶液缓慢加入 300 mL（1+1）硫酸中，加酒石酸锑钾溶液并且混合均匀。此溶液贮存于棕色试剂瓶中，在阴凉处可保存两个月。

⑥500 mg/L 磷标准贮备溶液。

⑦磷标准使用溶液：将 4.0 mL 的磷标准贮备溶液转移至 500 mL 容量瓶，

用水稀释至标线，摇匀，此标准使用溶液每 1 mL 含 4.00 μg 磷（以 P 计），使用当天配制。

三、实验步骤

1．消解

①取 7 支具塞磨口比色管，分别加入 0.00 mL、1.00 mL、3.00 mL、5.00 mL、10.00 mL、15.00 mL、25.00 mL 磷标准使用溶液，加水稀释至 25 mL。

②取 1 支比色管加入待测样品 25 mL。

③向各比色管中加入 4.00 mL 过硫酸钾溶液，将比色管的盖塞紧，置于大烧杯中，将大烧杯放入 120℃的电热恒温干燥箱内进行消解，30 min 后取出，冷却至室温，加水稀释至 50 mL 标线。

2．显色

分别向各试样中加入 1.00 mL 抗坏血酸溶液，混匀，30 s 后再分别加入 2.00 mL 钼酸盐溶液，混匀。

3．分光光度法测量

放置 15 min 后，用可见分光光度计在 710 nm 波长下，用光程 30 mm 的比色皿，以空白作参比，测定吸光度。

4．计算

$$\rho=\frac{m}{V}$$

式中：m——试样测得含磷量，μg；

V——测定用试样体积，mL。

四、实验结果

1．方法对比

分别对两组数据绘制标准曲线，结果如表 14-1、表 14-2 所示。

表 14-1 高压蒸汽锅消解法标准曲线

结果	序号						
	1	2	3	4	5	6	7
标液物量/μg	0.0	2.0	6.0	10.0	20.0	30.0	50.0
吸光度 *A* 值							
曲线回归方程							
曲线相关系数							

表 14-2 恒温干燥箱消解法标准曲线

结果	序号						
	1	2	3	4	5	6	7
标液物量/μg	0.0	2.0	6.0	10.0	20.0	30.0	50.0
吸光度 *A* 值							
曲线回归方程							
曲线相关系数							

2．准确度评价

标准样品测定结果比较见表 14-3。

表 14-3 标准样品测定结果比较

分析次数	高压蒸汽锅消解法测定结果/（mg/L）	恒温干燥箱消解法测定结果/（mg/L）
1		
2		
3		
平均值		
相对误差		

实验 15　化学需氧量的测定

一、实验原理

在强酸性溶液中，一定量的重铬酸钾氧化水中还原性物质，过量的重铬酸钾以试亚铁灵作为指示剂，用硫酸亚铁铵溶液回滴，根据用量算出水样中还原性物质消耗氧的量。

酸性重铬酸钾氧化性很强，可氧化大部分有机物，加入硫酸银作催化剂时，直链脂肪族化合物可完全被氧化，而芳香族有机物却不易被氧化，吡啶不被氧化，挥发性直链脂肪族化合物、苯等有机物存在于蒸气相，不能与液体氧化剂接触，氧化不明显。氯离子能被重铬酸盐氧化，并且能与硫酸银作用产生沉淀，影响测定结果，故在回流前向水样中加入硫酸汞，使氯离子成为络合物以消除干扰，氯离子含量高于 2 000 mg/L 的样品应先做定量稀释，使氯离子含量降低至 2 000 mg/L 以下，再进行测定。

二、仪器与试剂

1. 仪器

带 250 mL 锥形瓶的全玻璃回流装置，加热装置，酸式滴定管。

2. 试剂

①0.250 0 mol/L 重铬酸钾标准溶液：称取预先在 120℃温度下烘干 2 h 的重铬酸钾 12.258 0 g 溶于水中，移入 1 000 mL 容量瓶，定量至标线，摇匀。

②试亚铁灵指示液：称取 1.485 g 邻菲罗啉、0.695 g 硫酸亚铁溶于水中，稀释至 100 mL，储于棕色瓶中。

③硫酸亚铁铵标准溶液：称取 39.5 g 硫酸亚铁铵溶于水中，边搅拌边缓缓加入 20 mL 浓硫酸，冷却后移入 1 000 mL 容量瓶中，用水稀释至标线，摇匀。临用

前，用重铬酸钾标准溶液标定。

标定方法：吸取 10.00 mL 重铬酸钾标准溶液于 500 mL 锥形瓶中，加水稀释至 110 mL 左右，缓慢加入 30 mL 浓硫酸，混匀。冷却后，加入 3 滴试亚铁灵指示液（约 0.15 mL），用硫酸亚铁铵滴定，溶液的颜色由黄色经蓝绿色至红褐色即为终点。

$$c = 0.250\,0 \times 10.00 / V$$

式中：c——硫酸亚铁铵标准溶液的浓度，mol/L；

V——硫酸亚铁铵标准溶液滴定的用量，mL。

④硫酸-硫酸银溶液：于 2 500 mL 浓硫酸溶液中加入 25 g 硫酸银。放置 1～2 d，不时摇动使其溶解。

⑤硫酸汞：结晶或粉末。

三、实验步骤

（1）取 20.00 mL 混合均匀的水样（或适量水样稀释至 20.00 mL）置于 250 mL 的磨口回流锥形瓶，准确加入 10.00 mL 0.25 mol/L 重铬酸钾标准溶液及数粒洗净的玻璃珠或沸石，连接磨口回流冷凝管，从冷凝管上口慢慢地加入 30 mL 硫酸-硫酸银溶液，轻轻摇动锥形瓶使溶液混匀，加热回流 2 h（自开始沸腾时计时）。

注：①对于化学需氧量高的废水样，可先取上述操作所需体积 1/10 的废水样和试剂于玻璃试管中，摇匀，加热后观察是否变成绿色。若溶液显绿色，再适当减少废水取水量，直至溶液不变绿色为止，从而确定废水样分析时应取用的体积。稀释时，所取废水样量不少于 5 mL，如果化学需氧量很高，则废水应多次稀释。

②废水中氯离子含量超过 30 mg/L 时，应先把 0.4 g 硫酸汞加入回流锥形瓶中，再加入 20.00 mL 废水样，摇匀。

（2）冷却后，用 90 mL 水从上部慢慢冲洗冷凝管壁，取下锥形瓶。溶液总体积不得少于 140 mL，否则因酸度太大，滴定终点不明显。

（3）溶液再度冷却，加 3 滴试亚铁灵指示剂，用硫酸亚铁铵标准溶液滴定，溶液的颜色由黄色经蓝绿色至红褐色即为终点，记录硫酸亚铁铵标准溶液的用量。

（4）测定水样的同时，以 20.00 mL 蒸馏水，按同样操作步骤作空白试验。记录滴定空白样时硫酸亚铁铵标准溶液的用量。

四、实验结果

$$\mathrm{COD}=\frac{(V_0-V_1)\times c\times 8\times 1\,000}{V}$$

式中：c——硫酸亚铁铵标准溶液的浓度，mol/L；

V_0——滴定空白样时硫酸亚铁铵标准溶液的用量，mL；

V_1——滴定水样时硫酸亚铁铵标准溶液的用量，mL；

V——水样的体积，mL；

8——氧（1/2 氧原子）摩尔质量，g/mol。

五、注意事项

①使用 0.4 g 硫酸汞络合氯离子的最高量可达 40 mg，若取用 20.00 mL 水样，即最高可络合 2 000 mg/L 氯离子浓度的水样。若氯离子浓度较低，也可少加硫酸汞，保持硫酸汞∶氯离子=10∶1（质量分数）。若出现少量氯化汞沉淀，并不影响测定。

②水样取用体积可在 10.00～50.00 mL，但试剂用量及浓度需按表 15-1 进行相应调整。

表 15-1　水样取用量和试剂用量

水样体积/mL	0.250 0 mol/L 重铬酸钾溶液/mL	硫酸-硫酸银溶液/mL	硫酸亚铁铵溶液/（mol/L）	硫酸汞/g	滴定前体积/mL
10.0	5.0	15	0.050	0.2	70
20.0	10.0	30	0.100	0.4	140
30.0	15.0	45	0.150	0.6	210
40.0	20.0	60	0.200	0.8	280
50.0	25.0	75	0.250	1.0	350

③对于化学需氧量小于 50 mg/L 的水样，应改用 0.025 0 mol/L 的重铬酸钾标准溶液，回滴时用 0.01 mol/L 硫酸亚铁铵标准溶液。

④水样加热回流后，溶液中重铬酸钾剩余量以加入量的 1/5～4/5 为宜。

⑤用邻苯二钾酸氢钾标准溶液检查试剂的质量和操作技术时，由于每克邻苯二钾酸氢钾的理论 COD_{Cr} 为 1.176 g，所以溶解 0.425 1 g 邻苯二钾酸氢钾于重蒸馏水中，转入 1 000 mL 容量瓶，用重蒸馏水稀释至标线，使之成为 500 mg/L 的 COD_{Cr} 标准溶液，用时新配。

⑥每次实验时应对硫酸亚铁铵标准溶液进行标定，室温较高时尤其应注意浓度的变化。

思政小课堂：化学需氧量是国家重点关注的综合指标

在水环境监测中，化学需氧量是一项十分重要的指标，也是我国总量控制的主要指标之一，在水污染控制、管理和节能减排中起了很大的作用。世界各国均制定了严格的行业水污染监测质量标准，在我国制定的《地表水环境质量标准》《污水综合排放标准》以及各类水污染物排放标准中都对化学需氧量（COD）的标准限值做了明确的规定。

在自然界的循环中，水中的还原性物质特别是有机化合物在生物氧化降解过程中消耗溶解氧而造成水体氧的缺损，溶解氧的缺损会破坏环境和生物群落的生态平衡，引起水质恶化，甚至发生溶解氧消耗殆尽，厌氧菌滋生，造成水体变黑发臭。这就需要针对水中的有机物进行监测。由于有机化合物有数百万种，难以分别定性定量监测。在实践的基础上，环境分析学家寻求到另一种途径，确定一种综合指标，利用有机化合物的还原性质，将耗氧量作为一项新的指标，这样化学需氧量和生化需氧量就应运而生了。由于生物氧化是一个缓慢的过程，一个月的时间也只能氧化到 70%左右，生物氧化时间较长，环境分析学家们将生物氧化的碳化部分定为五日生化需氧量（BOD_5），虽在某种程度上缩短了时间，但仍显得漫长。在这种情况下，就出现了化学需氧量这一概念。化学需氧量（chemical oxygen demand，COD）是指水体中易被强氧化剂（一般采用重铬酸钾）氧化的还原性物质所消耗的氧化剂的量，结果折成氧的量（以 mg/L 计）。它是表征水体中还原性物质的综合指标。

化学需氧量通常可衡量水体中有机物的相对含量，是一项综合指标。它的作用与医生以体温判断人的一般健康状态相似。化学需氧量虽然不能说明具体污染物质的含量，但能综合反映水体受污染的程度。对于地表水和工业废水的现状评价及污水处理的效果评价来说，它是一个重要而易得的参数。

国务院于 2016 年 12 月 20 日发布的《“十三五” 节能减排综合工作方案》中指出：到 2020 年，全国所有县城和重点镇具备污水处理能力，地级及以上城市建成区污水基本实现全收集、全处理，地级市、县城污水处理率分别达到 95%、85%；全国化学需氧量控制在 2 001 万 t，比 2015 年下降 10%。

实验 16　水中氨氮的测定

一、实验原理

碘化汞和碘化钾的碱性溶液与氨反应生成淡黄棕色胶态化合物，其色度与氨氮含量成正比，可在波长 410～425 nm 范围内测定其吸光度，计算其含量。本法最低检出浓度为 0.025 mg/L，测定上限为 2 mg/L。

二、仪器与试剂

1. 仪器

全玻璃蒸馏器，50 mL 具塞比色管，分光光度计。

2. 试剂

①无氨水：可用一般纯水通过强酸性阳离子交换树脂或加硫酸和高锰酸钾后，重蒸馏得到。

②1 mol/L 氢氧化钠溶液。

③纳氏试剂：称取 16 g 氢氧化钠，溶于 50 mL 水中，充分冷却至室温。另称取 7 g 碘化钾和碘化汞溶于水，然后将此溶液在搅拌下缓慢注入氢氧化钠溶液中。用水稀释至 100 mL，贮于聚乙烯瓶中，密封保存。

④酒石酸钾钠溶液：称取 50 g 酒石酸钾钠（$KNaC_4H_4O_6 \cdot 4H_2O$）溶于 100 mL 水中，加热煮沸以除去氨，放冷，定容至 100 mL。

⑤铵标准贮备溶液：称取 3.819 g 经 100℃干燥过的氯化铵溶于水中，移入 1 000 mL 容量瓶中，稀释至标线。此溶液每毫升含氨氮 1.00 mg。

⑥铵标准使用溶液：移取 5.00 mL 铵标准贮备液于 500 mL 容量瓶中，用水稀释至标线。此溶液每毫升含氨氮 0.01 mg。

三、实验步骤

1．水样预处理

无色澄清的水样可直接测定；色度、浑浊度较高和含干扰物质较多的水样，需经过蒸馏或混凝沉淀等预处理步骤。

2．标准曲线的绘制

吸取 0 mL、0.50 mL、1.00 mL、3.00 mL、5.00 mL、7.00 mL 和 10.0 mL 铵标准使用液于 50 mL 比色管中，加水至标线，加 1.0 mL 酒石酸钾钠溶液，混匀。加入 1.5 mL 纳氏试剂，混匀。放置 10 min 后，在波长 420 nm 处，用光程 10 mm 比色皿，以蒸馏水作参比，测定吸光度。由测得的吸光度，减去零浓度空白管的吸光度后，得到校正吸光度，绘制以氨氮含量（mg）对校正吸光度的标准曲线。

3．水样的测定

分取适量的水样（氨氮含量不超过 0.1 mg），加入 50 mL 比色管中，稀释至标线，加 1.0 mL 酒石酸钾钠溶液（经蒸馏预处理过的水样，水样及标准管中均不加此试剂），混匀，加入 1.5 mL 的纳氏试剂，混匀，放置 10 min。

4．空白试验

以无氨水代替水样，作全程序空白测定。

四、实验结果

由水样测得的吸光度减去空白实验的吸光度后，从标准曲线上查得氨氮含量。

$$\text{氨氮含量}= m \times 1\,000/V$$

式中：m——由校准曲线查得样品管的氨氮含量，mg；

V——水样体积，mL。

实验 17　水中总氮的测定

一、实验原理

在 120～124℃的碱性介质条件下，用过硫酸钾作氧化剂，不仅可将水样中的氨氮和亚硝酸盐氮氧化为硝酸盐，同时将水样中大部分有机氮化合物氧化为硝酸盐。然后，用紫外分光光度法分别于波长 220 nm 与 275 nm 处测定其吸光度，按 $A=A_{220}-2A_{275}$ 计算硝酸盐氮的吸光度值，从而计算总氮的含量。

二、仪器与试剂

1．仪器

①紫外分光光度计。

②压力蒸汽消毒器或民用压力锅，压力为 1.1～1.3 kg/cm^2，相应温度为 120～124℃。

③25 mL 具塞玻璃磨口比色管。

2．试剂

①无氨水：每升水中加入 0.1 mL 浓硫酸，蒸馏。收集馏出液于玻璃容器中或用新制备的去离子水。

②20%氢氧化钠溶液：称取 20 g 氢氧化钠，溶于无氨水中，稀释至 100 mL。

③碱性过硫酸钾溶液：称取 40 g 过硫酸钾（$K_2S_2O_8$）、15 g 氢氧化钠，溶于无氨水中，稀释至 1 000 mL。溶液存放在聚乙烯瓶内，可贮存一周。

④（1+9）盐酸。

⑤硝酸钾标准溶液：

a. 标准贮备液：称取 0.721 8 g 经 105℃烘干 4 h 的优级纯硝酸钾（KNO_3）溶于无氨水中，移至 1 000 mL 容量瓶中定容。此溶液每毫升含 100 μg 硝酸盐氮。

加入 2 mL 三氯甲烷为保护剂，至少可稳定 6 个月。

b. 硝酸钾标准使用液：将贮备液用无氨水稀释 10 倍而得，此溶液每毫升含 10 μg 硝酸盐氮。

三、实验步骤

1. 校准曲线的绘制

①分别吸取 0 mL、0.50 mL、1.00 mL、2.00 mL、3.00 mL、5.00 mL、7.00 mL、8.00 mL 硝酸钾标准使用液于 25 mL 比色管中，用无氨水稀释至 10 mL 标线。

②加入 5 mL 碱性过硫酸钾溶液，塞紧磨口塞，用纱布及纱绳裹紧管塞，以防迸溅出溶液。

③将比色管置于压力蒸汽消毒器中，加热 0.5 h，放气使压力指针回零。然后升温至 120～124℃开始计时，使比色管在过热水蒸气中加热 0.5 h。

④自然冷却，开阀放气，移去外盖，取出比色管并冷却至室温。

⑤加入（1+9）盐酸 1 mL，用无氨水稀释至 25 mL 标线。

⑥在紫外分光光度计上，以无氨水作参比，用 10 mm 石英比色皿分别在 220 nm 及 275 nm 波长处测定吸光度。用校正的吸光度绘制校准曲线。

2. 样品测定

取 10 mL 水样，或取适量水样（使氮含量为 20～80 μg）。按校准曲线绘制步骤②至⑥操作。然后按校正吸光度，在校准曲线上查出相应的总氮量。

四、实验结果

$$总氮量=\frac{m}{V}$$

式中：m——从校准曲线上查得的含氮量，μg；

V——所取水样体积，mL。

五、注意事项

①玻璃具塞比色管的密合性应良好。使用压力蒸汽消毒器时，冷却后放气要缓慢。

②玻璃器皿可用10%盐酸浸洗，用蒸馏水冲洗后再用无氨水冲洗。

③测定悬浮物较多的水样时，在过硫酸钾氧化后可能出现沉淀。遇此情况，可吸取氧化后的上清液用紫外分光光度法测定。

实验 18　水中六价铬的测定

一、实验原理

在酸性溶液中，六价铬与二苯碳酰二肼反应生成紫红色化合物，于波长 540 nm 处进行分光光度测定。使用光程长为 30 mm 的比色皿，本方法的最小检出量为 0.2 μg 六价铬，最低检出浓度为 0.004 mg/L；使用光程为 10 mm 的比色皿，测定上限为 1.0 mg/L。

二、仪器与试剂

1. 仪器

分光光度计，比色皿，50 mL 具塞比色管，移液管，容量瓶等。

2. 试剂

①丙酮。

②（1+1）硫酸。

③（1+1）磷酸。

④0.2%（*m*/*V*）氢氧化钠溶液。

⑤铬标准贮备液：称取于 120℃干燥 2 h 的重铬酸钾（优级纯）0.282 9 g，用水溶解，移入 1 000 mL 容量瓶中，用水稀释至标线，摇匀。每毫升贮备液含 0.100 mg 六价铬。

⑥铬标准使用液：吸取 5.00 mL 铬标准贮备液于 500 mL 容量瓶中，用水稀释至标线，摇匀。每毫升标准使用液含 1.00μg 六价铬。使用当天配制。

⑦二苯碳酰二肼溶液：称取二苯碳酰二肼（$C_{13}H_{14}N_4O$，简称 DPC）0.2 g，溶于 50 mL 丙酮中，加水稀释至 100 mL，摇匀，贮于棕色瓶内，置于冰箱冷藏中保存。颜色变深后不能再用。

三、实验步骤

1. 标准曲线的绘制

取 9 支 50 mL 比色管，依次加入 0 mL、0.20 mL、0.50 mL、1.00 mL、2.00 mL、4.00 mL、6.00 mL、8.00 mL、10.00 mL 铬标准使用液，用水稀释至标线，加入（1+1）硫酸 0.5 mL 和（1+1）磷酸 0.5 mL，摇匀。加入 2 mL 显色剂溶液，摇匀。5～10 min 后，于 540 nm 波长处，用 1 cm 或 3 cm 比色皿，以蒸馏水作参比，测定吸光度并作空白校正。以吸光度为纵坐标，相应六价铬含量为横坐标绘出标准曲线。

2. 水样的测量

取适量（含 Cr^{6+}少于 50μg）无色透明或经预处理的水样于 50 mL 比色管中，用水稀释至标线，以下步骤同标准溶液测定。进行空白校正后，根据所测吸光度从标准曲线上查得 Cr^{6+}含量。

四、实验结果

$$Cr^{6+}=\frac{m}{V}$$

式中：m ——从标准曲线上查得的 Cr^{6+}量，μg；

V ——水样的体积，mL。

五、注意事项

①干扰。含铁量大于 1 mg/L，显色后呈黄色。六价钼和汞也和显色剂反应，生成有色化合物，但在本方法的显色酸度下，反应不灵敏，钼和汞的浓度达 200 mg/L 不干扰测定。

②丙酮为危险化学品，应妥善保存和使用。

思政小课堂：前车之鉴——突发水污染事件引发的社会问题

突发水污染事件，是指人为或自然原因导致水质在短时间内迅速恶化的水污染现象。突发水污染事件往往在较短时间内排放大量有害物质，对人体健康、生命安全和生态环境造成巨大威胁，从而影响生态平衡、制约社会经济发展。

2004 年春天，四川省重要的河流——沱江发生了震惊全国的污染事件，事件造成沿江上百万人口的生活生产用水困难。氨氮超标正是沱江母亲河流泪的元凶。2004 年 3 月，四川某化工集团所属公司将未经完全处理的含氨氮工艺冷凝液和高浓度氨氮废水直接排放，导致沱江干流在当年春天发生特大水污染事故，给下游成都、简阳、资阳和内江等地的生产生活造成了严重影响。污染物排放到沱江后，经监测，沱江简阳段氨氮超标 50 倍，资阳段超标 20 倍，沱江氨氮严重超标。氨氮污染导致沱江沿岸出现大规模死鱼现象，死鱼 50 万公斤，自来水呈现黑色，伴有刺鼻臭味。沱江生态受到严重破坏，直接经济损失超过亿元，间接经济损失无法估量。

2014 年 4 月，兰州市某水务集团公司检测发现，其出厂水中苯含量高达 118 ~ 200 μg/L，远超出国家定值的 10 μg/L。随后，兰州市政府宣布兰州市自来水不宜饮用。兰州局部自来水中苯指标超标事件发生后，经调查，确认事件直接原因为某水务公司自流沟超期服役，导致历史积存的地下含油污水渗入自流沟，致使局部自来水苯超标。调查发现，当地的供水企业输水沟渠超期服役，从而使沟渠连接处的防渗材料老化产生裂缝；另外，当地石油炼化企业多年来生产过程中“跑冒滴漏”和污染泄漏事故，导致含油污染物大量进入土壤和地下水中，使污染物扩散至输水沟渠，通过管路连接处的裂缝进入自来水中，最终导致污染事件。

突发水污染事件涉及面广，对当地的自然生态环境造成严重破坏，需要长期的整治和恢复。水资源保护是一项长期任务，不能有丝毫松懈，务必强化日常环境监管，从前车之鉴中充分吸取经验教训，不再重蹈覆辙。

第三章
环境空气监测

实训 19　环境空气监测方案的制定

一、实训目的

①课程实践，巩固所学的专业知识。

②熟悉环境监测从布点、采样、样品处理、分析测试、数据处理到分析评价等一系列整套工作程序。

③能够准确及时反映空气环境质量现状及其发展趋势，为环境管理、污染源控制、环境规划提供科学依据。

④进行空气质量的监测，分析空气中各物质的含量，了解污染物对空气质量的影响程度，对空气质量进行评述并提出对策和建议。

二、实训内容

1．基础资料的收集

经过实地调查确定重要的污染源及污染物，如 SO_2、NO_2、TSP、CO、油烟等。收集气象资料，如气温、降水、风速等。

2．设计方案的标准和规范

环境空气质量监测点位布设原则由《环境空气质量监测点位布设技术规范》（HJ 664—2013）规定并执行。环境空气质量监测点位的设置应符合下列要求：

①具有较好的代表性，能客观反映一定空间范围内的环境空气污染水平和变化规律。

②各监测点之间设置条件尽可能一致，使各个监测点获取的数据具有可比性。

③监测点应尽可能均匀分布，同时在布局上应反映主要功能区和主要大气污染源的污染现状及变化趋势。

④监测点位置一经确定，原则上不应变更，以保证监测资料的连续性和稳定性。

⑤污染控制点原则上应设在可能对人体健康造成影响的污染物高浓度区以及主要固定污染源对环境空气质量产生明显影响的地区。

⑥污染监控点依据排放源的强度和主要污染项目布设，应设置在源的主导风向和第二主导风向的下风向的最大落地浓度区内，以捕捉到最大污染特征为原则进行布设。

⑦为研究大气污染对人体的危害，采样口应在距地面 1.5～2 m 处。

⑧采样点的周围应开阔，采样口水平线与周围建筑物高度的夹角不应大于 30°。测点周围无局地污染。

3．采样点的设置

监测区域内的采样点布设具体方法有：功能区布点法、网格布点法、同心圆布点法及扇形布点法。采样点布点数目的确定：根据各污染源的非集中分布情况，结合各环境功能区的要求，并考虑地形、地貌、气象等条件。

4．采样方法

大气中的污染物质浓度一般都比较低（10^{-9}～10^{-6} 数量级），直接采样法往往不能满足分析方法检出限的要求，故需要用富集采样法对大气中的污染物质进行浓缩。富集采样法时间一般比较长，测得结果代表采样时段的平均浓度，更能反映大气污染的真实情况。这种采样方法有溶液吸收法、固体阻留法。

两台采样器平行采样，间隔保持 3～4 m 为宜。采样器应高于地面 3～5 m，距基础面 1.5 m 以上的相对高度比较适宜。

另外，采样前应检查采样器是否漏气，采样的滤膜是否有孔、折痕，是否有其他缺陷，吸收液是否浑浊或因变质而出现较重的颜色等。如果有异常，则应及时更换。

三、注意事项

①每批样品至少测定两个现场空白。即将装有吸收液的采样管带到采样现场，除了不采气之外，其他环境条件与样品相同。

②如果样品溶液的吸光度超过标准曲线的上限，可用试剂空白液稀释，在数分钟内再测定吸光度，但稀释倍数不要过大。

③显色温度低，显色慢，稳定时间长；显色温度高，显色快，稳定时间短。操作人员必须了解显色温度、显色时间和稳定时间的关系，严格控制反应条件。

④测定样品时的温度与绘制校准曲线时的温度之差不应超过2℃。

四、实训任务

①通过环境背景的调查，确定监测和评价的主要污染物。

②布设监测网点，为开展进行大气环境质量现状监测和分析做准备。

③对调查和监测结果进行系统分析。

④建立和选择评价模式，对大气环境质量现状做出评价。

实训 20　大气中颗粒物浓度的测定

一、实训原理

通过具有一定切割性的采样器，以恒速抽取定量体积的空气，空气中粒径小于 2.5 μm（10 μm、100 μm）悬浮颗粒物被截留在恒重的滤膜上，根据采样前后滤膜重量之差及采样体积，计算颗粒物的浓度。

二、仪器

大气采样器，分析天平，恒温恒湿箱，超细玻璃纤维膜，镊子。

三、实训步骤

1．滤膜准备

每张滤膜使用前均需认真检查，不得使用有针孔或有任何缺陷的滤膜。采样滤膜在称量前需在恒温恒湿箱平衡 24 h，平衡温度 15～30℃，相对湿度 50%±5%，并在此平衡条件下迅速称量，精确到 0.1 mg，记下滤膜重量 W_0。称重后的滤膜平展放在滤膜保存袋中。

2．采样

打开采样头顶盖，取下滤膜夹，将称重过的滤膜绒面向上，平放于支持网上，放上滤膜夹，再安好采样头顶盖，开始采样，并记下采样时间、采样时的温度、大气压力和现场采样流量。样品采好后，取下采样头，用镊子轻轻取出滤膜，绒面向里对折，放入滤膜保存袋中。若发现滤膜有损坏，需重新采样。

3．称重

将采样后的滤膜放在恒温恒湿箱中，在与空白滤膜相同的平衡条件下平衡 24 h 后，用电子天平称量，精确到 0.1 mg，记下采样后的滤膜重量 W_1。

$$颗粒物质量浓度=\frac{(W_1-W_0)\times10^6}{V_0}$$

式中：W_1——采样后的滤膜重量，g；

W_0——空白滤膜重量，g；

V_0——标准状态下的采样体积，L。

四、注意事项

①需经常检查采样头是否漏气。滤膜正确安装时，当滤膜上颗粒物与四周白边之间的界线渐渐模糊，则表明应更换面板密封垫。

②采样后滤膜如不能立即称量，应在4℃条件下冷藏保存。

思政小课堂：我国$PM_{2.5}$防治之路——看监测仪器的发展

近年来，霾、$PM_{2.5}$等专业词汇从科研用语成为妇孺皆知的名词。$PM_{2.5}$是大气中粒径小于或等于2.5 μm的颗粒物。这种飘浮在空气中细小的固体或液滴胶体是雾霾的主要成分。科学家研究发现粒径在0.01～10 μm之间的，特别是小于或等于2.5 μm的颗粒物可以被人体直接吸入，对人类的呼吸系统有严重的伤害。由于$PM_{2.5}$粒径小、质量轻且在大气中的滞留时间长，所以它可以被大气环流运送到几十公里甚至几百公里以外。

在公众对改善环境空气质量需求的推动下，大气细颗粒物$PM_{2.5}$作为基本监测项目纳入《环境空气质量标准》（GB 3095—2012）。目前，$PM_{2.5}$的监测能力不断提升，$PM_{2.5}$数据实时发布已成为常态。

我国对$PM_{2.5}$等大气污染指标加大监测力度，对相关指标进行进一步精确有效的监测，为防治大气污染提供依据。目前$PM_{2.5}$的监测方法主要有重量法、微量振荡天平法和β射线法等。

我国目前对大气颗粒物的测定主要采用重量法。其原理是分别通过一定切割特征的采样器，以恒速抽取定量体积空气，使环境空气中的 $PM_{2.5}$ 被截留在已知质量的滤膜上，根据采样前后滤膜的质量差和采样体积，计算出 $PM_{2.5}$ 的浓度。

微量振荡天平法是在质量传感器内使用石英振荡空心锥形管，在其振荡端安装可更换的滤膜，振荡频率取决于锥形管特征和其质量。当采样气流通过滤膜时，其中的颗粒物沉积在滤膜上，滤膜的质量变化导致振荡频率的变化，通过振荡频率变化计算出沉积在滤膜上颗粒物的质量，再根据流量、现场环境温度和气压计算出该时段颗粒物的质量浓度。

β射线法原理是根据颗粒物对碳-14 释放的β射线的吸收强度进行分析，颗粒物吸附在滤纸表面后，计数器通过测量采样前后β射线强度变化来计算吸附的颗粒物浓度。β射线法可实现连续自动监测，维护工作量小。

我国在 $PM_{2.5}$ 监测仪器的研发方面和发达国家仍存在差距。我们需要努力攻克难关，掌握核心技术，研制出快速精确、简单易操作、可连续自动化运行的监测仪器，为我国 $PM_{2.5}$ 污染防治提供条件和基础。

实训 21 大气中二氧化硫含量的测定与方法改进

一、实训原理

二氧化硫对结膜和上呼吸道黏膜具有强烈辛辣刺激性，质量浓度超过 0.9 mg/m^3 就能被大多数人感觉到。吸入后主要对呼吸器官造成损伤，可致支气管炎、肺炎，严重者可致肺水肿和呼吸麻痹。

二氧化硫是大气中分布较广、影响较大的污染物之一，常常以它作为大气污染的主要指标。二氧化硫主要来源于以煤或石油为主要燃料的工矿企业，如火力发电厂、钢铁厂、有色金属冶炼厂和石油化工厂等。

测定二氧化硫最常用的化学方法是盐酸副玫瑰苯酚分光光度法，吸收液是 Na_2HgCl_4 或 K_2HgCl_4 溶液，与 SO_2 形成稳定的络合物。为避免汞的污染，近年来用甲醛溶液代替汞盐作吸收液。

二氧化硫被甲醛缓冲溶液吸收后，生成稳定的羟甲基磺酸加成化合物，与盐酸副玫瑰苯胺作用，生成紫红色化合物，用分光光度计在 570 mm 处进行测定。

二、仪器与试剂

1. 仪器

大气采样器。

2. 试剂

①吸收液贮备液（甲醛-邻苯二甲酸氢钾）：称取 2.04 g 邻苯二甲酸氢钾和 0.364 g 乙二胺四乙酸二钠（EDTA-2Na）溶于水中，加入 5.5 mL 3.7 g/L 甲醛溶液，用水稀释至 1 000 mL，混匀。

②吸收液使用液：吸取吸收液贮备液 25 mL 于 250 mL 容量瓶中，用水稀释至刻度。

③2 mol/L 氢氧化钠溶液：称取 4 gNaOH 溶于 50 mL 水中。

④0.6 g/100 mL 氨基磺酸钠溶液：称取 0.3 g 氨基磺酸，溶解于 50 mL 水中，并加入 1.5 mL 2 mol/L NaOH 溶液。

⑤0.025 g/100 mL 盐酸副玫瑰苯胺溶液。

⑥0.10 mol/L 碘溶液：称取 1.27 g 碘于烧杯中，加入 4.0 g 碘化钾和少量水，搅拌至完全溶解，用水稀释至 100 mL，储存于棕色瓶中。

⑦0.5 g/100 mL 淀粉溶液：称取 0.5 g 可溶性淀粉，用少量水调成糊状，慢慢倒入 100 mL 沸水中，继续煮沸至溶液澄清，冷却后存于试剂瓶中，临用现配。

⑧0.1 mol/L 硫代硫酸钠标准溶液。

⑨二氧化硫标准贮备溶液：称取 0.1 g 亚硫酸钠（Na_2SO_3）及 0.01 g 乙二胺四乙酸二钠盐（EDTA-2Na）溶于 100 mL 新煮沸并冷却的水中，此溶液每毫升含有相当于 320～400 μg 二氧化硫。溶液需放置 2～3 h 后标定其准确浓度。

⑩标定方法：吸取 20.00 mL 二氧化硫标准贮备溶液，置于 250 mL 碘量瓶中，加入 50 mL 新煮沸但已冷却的水，20.00 mL 0.10 mol/L 碘溶液及 1 mL 冰乙酸，盖塞，摇匀。于暗处放置 5 min 后，用 0.1 mol/L 硫代硫酸钠标准溶液滴定至浅黄色，加入 2 mL 0.5 g/100 mL 淀粉溶液，继续滴定至蓝色刚好褪去为终点。记录滴定所用硫代硫酸钠标准溶液的体积 V，另取水 20 mL 进行空白试验，记录空白滴定硫代硫酸钠的体积 V_0。按下式计算二氧化硫标准贮备溶液的浓度：

$$c(SO_2)=\frac{(V_0-V)\times c(Na_2S_2O_3)\times 32.02}{20.00}\times 1\,000$$

⑪二氧化硫标准使用液：吸取二氧化硫标准贮备液 X mL，于 50 mL 容量瓶中，用吸收液使用液定容至刻度，$X=\dfrac{5.0\ \mu g/mL\times 50\ mL}{c(SO_2)}$。

三、实训步骤

1．采样

用一个内装 10 mL 采样吸收液的多孔玻板吸收管采样。同时，测定气温、气压。据此计算出相当于标准状态下的采样体积 V_0。

体积换算公式如下：

$$V_0 = V_t \times \frac{273}{273+t} \times \frac{P}{101.3}$$

式中：V_0——相当于标准状态下的样品体积，L；

V_t——现场采样的体积，L；

t——采样时的气温，℃；

P——采样时的气压，kPa。

2．标准曲线的绘制

吸取 SO_2 标准使用液 0.00 mL、0.25 mL、0.50 mL、1.00 mL、2.00 mL、4.00 mL 于 10 mL 比色管中，用吸收液使用液定容至 10 mL 刻度处，分别加入 0.5 mL 0.6 g/100 mL 氨基磺酸钠溶液、0.5 mL 2.0 mol/L NaOH 溶液，充分混匀后，再加入 2.5 mL 0.025 g/100 mL 盐酸副玫瑰苯胺溶液，立即混匀，等待显色（可放入恒温水浴中显色）。参照表 21-1 选择显色条件：

表 21-1　显色温度与显色时间对应表

显色温度/℃	10	15	20	25	30
显色时间/min	40	20	15	10	5
稳定时间/min	50	40	30	20	10

依据显色条件，用 10 mm 比色皿，以吸收液作参比，在波长 570 nm 处，测定各管吸光度。以 SO_2 含量（μg）为横坐标，吸光度为纵坐标，绘制标准曲线。

不同含量的 SO_2 标准使用液吸光度测定结果见表 21-2。

表 21-2 不同含量的 SO_2 标准使用液吸光度测定结果

SO_2 标准使用液添加体积/mL	0.00	0.25	0.50	1.00	2.00	4.00
SO_2 含量/μg	0.00	1.25	2.50	5.00	10.00	20.00
吸光度						

3. 样品测定

采样后，样品溶液转入 10 mL 比色管中，用少量（<1 mL）吸收液洗涤吸收管内容物，合并到样品溶液中，并用吸收液定容至 10 mL 刻度处。按上述绘制标准曲线的操作步骤，测定吸光度。将测得的吸光度值标在标准曲线上，通过查取或计算，得到样品中 SO_2 的量 M（SO_2）（μg）。

四、实验条件的优化

改用 25 mL 比色管的优势：

该方法要求使用 10 mL 比色管，但由于 10 mL 比色管口径较小，转入速度一快就可能使溶液外溢，从而使测定结果偏低，而改用口径较大的 25 mL 比色管就能有效地解决此问题。

该方法要求加入盐酸副玫瑰苯胺溶液后立即混匀放入恒温的水浴中显色，由于 10 mL 比色管加入 12 mL 的溶液，混合效果不佳，而在 25 mL 的比色管中较易混合均匀，使显色反应能迅速进行，提高测定结果的准确度。

在 SO_2 测定中，显色温度要求恒定 10 mL 比色管基本充满显色溶液，放在水浴锅中，很可能上端溶液不能完全浸入水中，导致显色溶液上下温度不一，从而增加测定误差。改进后，由于 12 mL 显色液在 25 mL 比色管的下半段，可确保溶液全部浸在水中，保证了显色温度的一致。

实训 22　大气中二氧化氮含量的测定

一、实训原理

二氧化氮具有毒性，对深呼吸道具有强烈的刺激作用，可引起肺损害甚至造成肺水肿。测定二氧化氮含量有助于了解空气质量，对于保护环境有重要意义。

空气中的二氧化氮与吸收液中的对氨基苯磺酸进行重氮化反应，再与 N-（1-萘基）乙二胺盐酸盐作用，生成粉红色的偶氮染料，于波长 540～545 nm 之间，测定吸光度。

二、仪器与试剂

1．仪器

吸收瓶，大气采样器，分光光度计。

2．试剂

①N-（1-萘基）乙二胺盐酸盐贮备液：称取 0.50 g N-（1-萘基）乙二胺盐酸盐[$C_{10}H_7NH(CH_2)_2 \cdot 2HCL$]于 500 mL 容量瓶中，用蒸馏水溶解稀释至刻度。此溶液贮于密封的棕色试剂瓶中，在冰箱中冷藏，可稳定 3 个月。

②显色液：称取 5.0 g 对氨基苯磺酸，溶于 200 mL 热水中，将溶液冷却至室温，全部移入 1 000 mL 容量瓶中，加入 50 mL 冰乙酸和 50.0 mL N-（1-萘基）乙二胺酸盐贮备液，用水稀释至刻度。密闭于棕色瓶中，在 25℃以下暗处存放，可稳定 3 个月。

③吸收液：使用时将显色液和水按体积 4∶1 比例混合，即为吸收液。密闭于棕色瓶中，25℃以下暗处存放，可稳定 3 个月。若呈现淡红色，应弃之重配。

④亚硝酸盐标准贮备溶液，250 mg/L NO_2^-：准确称取 0.375 g 亚硝酸钠，移入 1 000 mL 容量瓶中，用水稀释至标线。此溶液贮于密闭瓶中于暗处存放，可稳

定 3 个月。

⑤亚硝酸盐标准工作溶液，2.5 mg/L NO_2^-：用亚硝酸盐标准贮备溶液稀释，临用前现配。

三、实训步骤

1．采样

到达采样现场后安装好采样装置。试启动采样器 2～3 次，检查气密性，观察仪器是否正常，吸收管和仪器之间的连接是否正确。

取一支多孔玻板吸收瓶，装入 10.0 mL 吸收管，标记吸收液液面位置，以 0.4 L/min 流量采气 6～24L。

2．标准曲线的绘制

用亚硝酸盐标准溶液绘制标准曲线：取 6 支 10 mL 具塞比色管，按表 22-1 制备标准色列。

表 22-1　亚硝酸钠标准色列

管号	0	1	2	3	4	5
标准工作溶液/mL	0.0	0.4	0.8	1.2	1.6	2.0
水/mL	2.0	1.6	1.2	0.8	0.4	0.0
显色液/mL	8.0	8.0	8.0	8.0	8.0	8.0
NO_2^-质量浓度/（μg/mL）	0.0	0.1	0.2	0.3	0.4	0.5

各管混匀，于暗处放置 20 min（室温低于 20℃时，应适当延长显色时间，如室温为 15℃时，显色 40 min），用 10 mm 比色皿，以水为参比，在波长为 540～545 nm 处，测量吸光度并做好记录。扣除空白试验（零浓度）的吸光度以后，对应 NO_2^-的质量浓度（μg/mL），绘制标准曲线。

3．样品测定

采样后放置 20 min（气温低时，适当延长显色时间，如 15℃时，显色 40 min），用水将采样瓶中吸收液的体积补至标线，混匀，按标准曲线的测定步骤测量样品的吸光度和空白试验样品的吸光度。使用与采样用吸收液同一批配制的吸收液做空白试验。

四、实训结果

用亚硝酸盐标准溶液绘制标准曲线时，空气中二氧化氮的质量浓度计算：

$$\rho=(A-A_1-a)\times V\times D/b\times f\times V_0$$

式中：ρ——空气中二氧化氮浓度，μg/m^3；

A——样品溶液的吸光度；

A_1——空白试验溶液的吸光度；

b——标准曲线的斜率；

a——标准曲线的截距；

V——采样用吸收液体积，mL；

D——样品的稀释倍数；

f—— Saltzman 实验系数 0.88（当空气中二氧化氮质量浓度高于 0.720 mg/m^3 时，f 为 0.77）；

V_0——大气采样体积，m^3。

五、注意事项

①吸收液应避光，且不能长时间暴露在空气中，以防止光照时吸收液显色或吸收空气中的氮氧化物，而使试管空白值增高。

②亚硝酸钠固体应密封保存，防止空气及水侵入。

实训 23 环境空气中臭氧的测定

一、实训原理

臭氧在磷酸盐缓冲溶液中，与吸收液中蓝色的靛蓝二磺酸钠反应，褪色生成靛红二磺酸钠。在 610 nm 处测定吸光度，根据蓝色减退的程度定量测定空气中臭氧的浓度。

二、仪器与试剂

1. 仪器

空气采样器，多孔玻板吸收管，具塞比色管，生化培养箱或恒温水浴，水银温度计，分光光度计。

2. 试剂

①0.100 0 mol/L 溴酸钾标准贮备溶液：准确称取 1.391 8 g 溴化钾，置于烧杯中，加入少量水溶解，移入 500 mL 容量瓶中，用水稀释至标线。

②0.010 0 mol/L 溴酸钾-溴化钾标准溶液：吸取 10.00 mL 溴酸钾标准贮备溶液于 100 mL 容量瓶中，加入 1.0 g 溴化钾，用水稀释至标线。

③0.100 0 mol/L 硫代硫酸钠标准贮备溶液。

④0.005 00 mol/L 硫代硫酸钠标准工作溶液：临用前，取硫代硫酸钠标准贮备溶液用新煮沸并冷却到室温的水准确稀释 20 倍。

⑤（1+6）硫酸。

⑥淀粉指示剂溶液：称取 0.20 g 可溶性淀粉，用少量水调成糊状，慢慢倒入 100 mL 沸水，煮沸至溶液澄清。

⑦0.050 mol/L 磷酸盐缓冲溶液：称取 6.8 g 磷酸二氢钾（KH_2PO_4）、7.1 g 无水磷酸氢二钠（Na_2HPO_4），溶于水，稀释至 1 000 mL。

⑧靛蓝二磺酸钠标准贮备溶液：称取0.25 g靛蓝二磺酸钠溶于水，移入500 mL棕色容量瓶内，用水稀释至标线，摇匀，在室温暗处存放24 h后标定。此溶液在20℃以下暗处存放可稳定2周。

标定方法：准确吸取20.00 mL靛蓝二磺酸钠标准贮备溶液于250 mL碘量瓶中，加入20.00 mL溴酸钾-溴化钾溶液，再加入50 mL水，盖好瓶塞，在16℃±1℃生化培养箱（或水浴）中放置至溶液温度与水浴温度平衡时，加入5.0 mL硫酸溶液，立即盖塞、混匀并开始计时。于16℃±1℃暗处放置35 min±1.0 min后，加入1.0 g碘化钾，立即盖塞，轻轻摇匀至溶解，暗处放置5 min。用硫代硫酸钠溶液滴定至棕色刚好褪去呈淡黄色，加入5 mL淀粉指示剂溶液，继续滴定至蓝色消褪，终点为亮黄色。记录所消耗的硫代硫酸钠标准工作溶液的体积。

$$\rho = \frac{(c_1V_1 - c_2V_2)}{V} \times 12.00 \times 1\,000$$

式中：ρ——每毫升靛蓝二磺酸钠溶液相当于臭氧的质量浓度，μg/mL；

c_1——溴酸钾-溴化钾标准溶液的浓度，mol/L；

V_1——加入溴酸钾-溴化钾标准溶液的体积，mL；

c_2——滴定时所用硫代硫酸钠标准溶液的浓度，mol/L；

V_2——滴定时所用硫代硫酸钠标准溶液的体积，mL；

V——靛蓝二磺酸钠标准贮备溶液的体积，mL；

12.00——臭氧的摩尔质量（1/4 O_3），g/mol。

⑨靛蓝二磺酸钠标准工作溶液：将标定后的靛蓝二磺酸钠标准贮备液用磷酸盐缓冲溶液逐级稀释成每毫升相当于1.00 μg臭氧的靛蓝二磺酸钠标准工作溶液，此溶液于20℃以下暗处存放可稳定1周。

⑩靛蓝二磺酸钠吸收液：取适量靛蓝二磺酸钠标准贮备液，根据空气中臭氧质量浓度的高低，用磷酸盐缓冲溶液稀释成每毫升相当于2.5 μg（或5.0 μg）臭氧的靛蓝二磺酸钠吸收液，此溶液于20℃以下暗处可保存1个月。

三、实训步骤

1. 标准曲线

取 10 mL 具塞比色管 6 支，按表 23-1 制备靛蓝二磺酸钠标准溶液系列。

表 23-1 靛蓝二磺酸钠标准溶液系列

管号	1	2	3	4	5	6
靛蓝二磺酸钠标准溶液/mL	10.00	8.00	6.00	4.00	2.00	0.00
磷酸盐缓冲溶液/mL	0.00	2.00	4.00	6.00	8.00	10.00
臭氧质量浓度/（μg/mL）	0.00	0.20	0.40	0.60	0.80	1.00

各管摇匀，用 20 mm 比色皿，以水作参比，在波长 610 nm 下测量吸光度。以校准系列中零浓度管的吸光度（A_0）与各标准色列管的吸光度（A）之差为纵坐标，臭氧质量浓度为横坐标，计算校准曲线的回归方程：

$$y = \mathrm{b}x + \mathrm{a}$$

式中：y——A_0-A，空白样品的吸光度与各标准色列管的吸光度之差；

x——臭氧质量浓度，μg/mL；

b——回归方程的斜率；

a——回归方程的截距。

2. 样品的采集与保存

用内装 10.00±0.02 mL 靛蓝二磺酸钠吸收液的多孔玻板吸收管，罩上黑色避光套，以 0.5 L/min 流量采气 5～30 L。当吸收液褪色约 60%时（与现场空白样品比较），应立即停止采样。样品在运输及存放过程中应严格避光。当确信空气中臭氧的质量浓度较低，不会穿透时，可以用棕色玻板吸收管采样。样品于室温暗处存放至少可稳定 3 d。

3. 现场空白样品

用同一批配制的靛蓝二磺酸钠吸收液，装入多孔玻板吸收管中，带到采样现场。除了不采集空气样品外，其他环境条件保持与采集空气的采样管相同。每批样品至少带两个现场空白样品。

4．样品测定

采样后，在吸收管的入气口端串接一个玻璃尖嘴，在吸收管的出气口端用吸耳球加压将吸收管中的样品溶液移入 25 mL（或 50 mL）容量瓶中，用水多次洗涤吸收管，使总体积为 25.0 mL（或 50.0 mL）。用 20 mm 比色皿，以水作参比，在波长 610 nm 下测量吸光度。

四、实训结果

空气中臭氧的质量浓度，按下式计算：

$$\rho(O_3)=\frac{(A_0-A-\mathrm{a})V}{\mathrm{b}}\times V_0$$

式中：$\rho(O_3)$——空气中臭氧的质量浓度，mg/m^3；

A_0——现场空白样品吸光度的平均值；

A——样品的吸光度；

b——标准曲线的斜率；

a——标准曲线的截距；

V——样品溶液的总体积，mL；

V_0——标准状态（101.325 kPa、273 K）的采样体积，L。

实训 24 室内空气甲醛的测定与创业实践

一、实训目的

甲醛（HCHO）是无色气体，易溶于水和乙醇。甲醛对皮肤和黏膜有强烈的刺激作用，可使细胞中的蛋白质凝固变性，抑制一切细胞机能；甲醛还能在体内生成甲醇而对视丘及视网膜有较严重的损害。甲醛对人体健康的影响主要表现在刺激呼吸道，导致嗅觉异常、肺功能异常及免疫功能异常等方面。

室内空气中甲醛主要来源于室内装饰的人造板材、人造板制造的家具、含有甲醛成分并有可能向外界散发的其他各类装饰材料及燃烧后会散发甲醛的材料。

室内空气质量标准规定甲醛的最高允许含量为 0.10 mg/m^3。

空气中甲醛的测定方法主要有 AHMT 分光光度法、乙酰丙酮分光光度法、酚试剂分光光度法、气相色谱法、电化学传感器法等。

空气中甲醛与 4-氨基-3-联氨-5-巯基-1,2,4-三氮杂茂（简称 AHMT）在碱性条件下缩合，然后经高碘酸钾氧化成 6-巯基-5-三氮杂茂[4,3-b]-S-四氮杂苯紫红色化合物，其色泽深浅与甲醛含量成正比。

AHMT 分光光度法测定范围为 2 mL 样品溶液中含 0.2～3.2 μg 甲醛。若采样流量为 1 L/min，采样体积为 20L，则测定浓度范围为 0.01～0.16 mg/m^3。

二、仪器与试剂

1. 仪器

大气采样器，多孔玻板吸收管（10 mL 容量、棕色），10 mL 具塞比色管，可见光分光光度计。

2. 试剂

①吸收液：称取 1 g 三乙醇胺、0.25 g 偏重亚硫酸钠和 0.25 g 乙二胺四乙酸二

钠溶于水中并稀释至 1 000 mL。

②0.5% AHMT 溶液：称取 0.25 g AHMT 溶于 0.5 mol/L 盐酸中，并稀释至 50 mL，此试剂置于棕色试剂瓶中，之后放置于试剂瓶中，常温避光保存，可保存半年。

③5 mol/L 氢氧化钾溶液：称取 28.0 g 氢氧化钾溶于 100 mL 水中，之后放置于试剂瓶中，常温避光保存。

④1.5%高碘酸钾溶液：称取 1.5 g 高碘酸钾溶于 0.2 mol/L 氢氧化钾溶液中，并稀释至 100 mL，于水浴上加热溶解，备用。

⑤0.100 0 mol/L 碘溶液：称量 40 g 碘化钾，溶于 25 mL 水中，加入 12.7 g 碘。待碘完全溶解后，用水定容至 1 000 mL。移入棕色瓶中，暗处贮存。

⑥1 mol/L 氢氧化钠溶液：称量 40 g 氢氧化钠，溶于水中，并稀释至 1 000 mL。

⑦0.5 mol/L 硫酸溶液：取 28 mL 浓硫酸缓慢加入水中，冷却后，稀释至 1 000 mL。

⑧0.100 0 mol/L 硫代硫酸钠标准溶液：可购买标准试剂配制。

⑨0.5%淀粉溶液：将 0.5 g 可溶性淀粉，用少量水调成糊状后，再加入 100 mL 沸水，并煮沸 2～3 min 至溶液透明。冷却后，加入 0.1 g 水杨酸或 0.4 g 氯化锌保存。

⑩甲醛标准贮备溶液：取 2.8 mL 含量为 36%～38%甲醛溶液，放入 1 L 容量瓶中，加 0.5 mL 浓硫酸并用水稀释至刻度，摇匀。此溶液 1 mL 约含 1 mg 甲醛。准确浓度用碘量法标定。

甲醛标准贮备溶液的标定：量取 20.00 mL 甲醛标准贮备溶液，置于 250 mL 碘量瓶中。加入 20.00 mL 0.050 0 mol/L 碘溶液和 15 mL1 mol/L 氢氧化钠溶液，放置 15 min。加入 20 mL0.5 mol/L 硫酸溶液，再放置 15 min，用 0.100 0 mol/L 硫代硫酸钠溶液滴定，至溶液呈现淡黄色时，加入 1 mL0.5%淀粉溶液，继续滴定至恰好使蓝色消失为终点，记录所用硫代硫酸钠溶液体积。同时用水作试剂空白滴定。甲醛溶液的浓度用下式计算：

$$\rho = \frac{(V_1 - V_2) \times M \times 15}{20}$$

式中：ρ——甲醛标准贮备溶液中甲醛质量浓度，mg/mL；

V_1——滴定空白时所用硫代硫酸钠标准溶液体积，mL；

V_2——滴定甲醛溶液时所用硫代硫酸钠标准溶液体积，mL；

M——硫代硫酸钠标准溶液的摩尔浓度，mol/L；

15——甲醛的当量；

20——所取甲醛标准溶液的体积，mL。

三、实验步骤

1．采样

用一个内装 5 mL 吸收液的气泡吸收管，以 0.5L/min 流量，采气 10 L，并记录采样点的温度和大气压力。采样后样品在室温下应在 24 h 内分析。

采样前关闭门窗 24 h，且在关闭门窗过程中，室内橱柜也应该打开。环境污染物浓度现场检测点应距内墙面不小于 0.5 m、距楼地面高度 0.8～1.5 m，与人的呼吸带高度一致。检测点应按对角线或梅花式均匀分布，避免通风口，小于 50 m^3 的房间应设 1～3 个点，50～100 m^3 的房间应设 3～5 个点，100 m^3 以上至少设 5 个点。

2．标准曲线的绘制

取 7 支 10 mL 具塞比色管，按表 24-1 制备标准色列管。

表 24-1 甲醛标准色列管

管号	0	1	2	3	4	5	6
标准溶液/mL	0.0	0.1	0.2	0.4	0.8	1.2	1.6
吸收溶液/mL	2.0	1.9	1.8	1.6	1.2	0.8	0.4
甲醛含量/μg	0.0	0.2	0.4	0.8	1.6	2.4	3.2

各管加入 1.0 mL 5 mol/L 氢氧化钾溶液和 1.0 mL 0.5%AHMT 溶液，盖上管塞，轻轻颠倒混匀 3 次，放置 20 min。加入 0.3 mL 1.5%高碘酸钾溶液，充分振摇，放置 5 min。用 10 mm 比色皿，在波长 550 nm 下，以水作参比，测定各管吸光度。

3．样品测定

采样后，补充吸收液到采样前的体积。准确吸取 2 mL 样品溶液于 10 mL 比色管中，按制作标准曲线的操作步骤测定吸光度。在测定每批样品的同时，用 2 mL 未采样的吸收液，按相同步骤作试剂空白值测定。

四、实验结果

1．将采样体积按公式换算成标准状态下的采样体积

$$V_0 = V_t \times \frac{T_0}{273+t} \times \frac{p}{p_0}$$

式中：V_0——标准状态下的采样体积，L；

V_t——采样体积，L［V_t=采样流量（L/min）×采样时间（min）］；

t——采样点的气温，℃；

T_0——标准状态下的热力学温度，273K；

p——采样点的大气压力，kPa；

p_0——标准状态下的大气压力，101 kPa。

2．空气中甲醛质量浓度按下式计算

$$\rho = \frac{(A - A_0 - \mathrm{a}) \times B_S}{V_0} \times \frac{V_1}{V_2}$$

式中：ρ——空气中甲醛质量浓度，mg/m^3；

A——样品溶液的吸光度；

A_0——空白溶液的吸光度；

a——标准曲线截距；

B_S——计算因子，由所绘标准曲线得到，μg/吸光度值；

V_0——标准状态下的采样体积，L；

V_1——采样时吸收液体积，mL；

V_2——分析时取样品体积，mL。

五、创业实践

联系需求方，开展室内空气甲醛含量测定的社会实践。工作流程建议：

①确定收费标准。

②开拓市场资源。

③制定甲醛测定方案。

④根据《室内空气质量标准》（GB/T 18883—2002），评价室内空气污染情况。

实训 25　空气中总挥发性有机物的测定

一、实训原理

总挥发性有机物（TVOC）主要涵盖苯、甲苯、乙酸丁酯、乙苯、苯乙烯、二甲苯、正十一烷等有机物。典型总挥发性有机物的测定方法是固体吸附管采样，然后加热解析，用毛细管气相色谱法测定。

具体方法是，用 Tenax-TA 吸附管采集一定体积的空气样品，空气中的 TVOC 保留在吸附管中，通过热解吸装置加热吸附管以得到 TVOC 的解吸气体，将 TVOC 的解吸气体注入气相色谱仪进行色谱分析，以保留时间定性，以峰面积定量。

二、仪器与试剂

1．仪器

①恒流采样器：在采样过程中流量应稳定，流量范围应包含 0.5L/min，并且当流量为 0.5L/min 时，应能克服 5～10 kPa 的阻力，此时用皂膜流量计校准系统流量，相对偏差不应大于±5%。

②热解吸装置：能对吸附管进行热解吸，其解吸温度及载气流速应可调。

③配备带有氢火焰离子化检测器的气相色谱仪。

④石英毛细管柱：长度应为 30～50 m，内径应为 0.32 mm 或 0.53 mm，柱内涂覆二甲基聚硅氧烷的膜厚应为 1～5 μm；柱操作条件应为程序升温，初始温度为 50℃，保持 10 min，升温速率为 5℃/min，温度升至 250℃，保持 2 min。

⑤1 μL、10 μL 注射器若干个。

2．试剂

①Tenax-TA 吸附管可为玻璃管或内壁光滑的不锈钢管，管内装有 200 mg 粒径为 0.18～0.25 mm（60～80 目）的 Tenax-TA 吸附剂。使用前应通氮气加热活化，

活化温度应高于解吸温度，活化时间不少于 30 min，活化至无杂质峰为止，当流量为 0.5 L/min 时，阻力应为 5～10 kPa。

②苯、甲苯、对（间）二甲苯、邻二甲苯、苯乙烯、乙苯、乙酸丁酯、十一烷的标准溶液或标准气体。

③载气应为氮气，纯度不小于 99.99%。

三、实训步骤

1．采样

①应在采样地点打开吸附管，然后与空气采样器入气口垂直连接，调节流量在包含 0.5 L/min 的范围内，然后用皂膜流量计校准采样系统的流量，采集约 10L 空气，应记录采样时间及采样流量、采样温度和大气压。

②采样后取下吸附管，应密封吸附管的两端并做好标记，然后放入可密封的金属或玻璃容器中，并应尽快分析，样品最长可保存 14 d。

2．曲线制备

根据实际情况可选用气体外标法或液体外标法。当选用气体外标法时，应分别准确抽取气体组分质量浓度约 1 mg/m^3 的标准气体 100 mL、200 mL、400 mL、1 L、2 L，使标准气体通过吸附管，以完成标准系列制备。当选用液体外标法时，首先应抽取标准溶液 1～5 μL，在有 100 mL/min 的氮气通过吸附管情况下，将各组分含量为 0.05 μg、0.1 μg、0.5 μg、1.0 μg、2.0 μg 的标准溶液分别注入 Tenax-TA 吸附管，5 min 后将吸附管取下并密封，以完成标准系列制备。

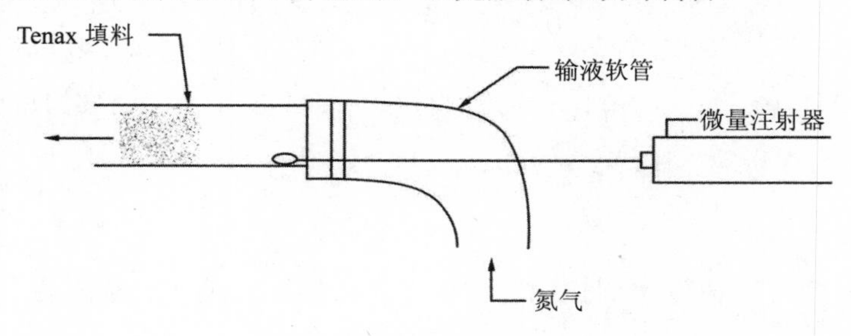

图 25-1　进样示意

3．进样

采用热解吸直接进样的气相色谱法。将吸附管置于热解吸直接进样装置中，经 280～300℃充分解吸后，解吸气体直接由进样阀快速进入气相色谱仪进行色谱分析，以保留时间定性、以峰面积定量。

4．绘制标准曲线

用热解吸气相色谱法分析吸附管标准系列时，应以各组分的含量（μg）为横坐标，以峰面积为纵坐标，分别绘制标准曲线，并计算回归方程。

5．样品分析

样品分析时，每支样品吸附管应按与标准系列相同的热解吸气相色谱分析方法进行分析，以保留时间定性、以峰面积定量。

四、实训结果

1．所采空气样品中各组分的浓度应按下式进行计算：

$$\rho_i = \frac{m_i - m_0}{V}$$

式中：ρ_i——所采空气样品中 i 组分浓度，mg/m³；

m_i——样品管中 i 组分的质量，μg；

m_0——未采样管中 i 组分的量，μg；

V——空气采样体积，L。

2．空气样品中各组分的浓度还应按下式换算成标准状态下的浓度：

$$\rho_c = \rho_m \times \frac{101.3}{p} \times \frac{t+273}{273}$$

式中：ρ_c——标准状态下所采空气样品中 i 组分的浓度，mg/m³；

p——采样时采样点的大气压力，kPa；

t——采样时采样点的温度，℃。

五、注意事项

①吸附管在使用前，先在热解吸仪（300℃，40 mL/min）通氮气，加热 30 min，防止有其他杂质影响结果。使用前要冷却到室温。

②输液软管必须干净，在接入吸附管前先通氮气，防止软管里残留的杂质进入吸附管里。为防止软管与吸附管接口处漏气，必要时可用绳子绑好。

③标液不能接触 Tenax 填料。

思政小课堂："大气十条"——生态文明建设的一把"利剑"

大气污染引起公众生活质量下降、造成航班停飞、高速公路封闭，给社会经济造成重大损失。大气污染问题在全社会引起了广泛关注，也引起了党中央、国务院的高度重视。为了改善空气质量和保护公众健康，政府采取了历史上最严格的大气污染治理措施，亮出了生态文明建设的一把"利剑"，于 2013 年 9 月发布了《大气污染防治行动计划》（以下简称"大气十条"），具体目标为到 2017 年，全国地级及以上城市空气质量明显改善。

为实现空气质量改善目标，"大气十条"共提出了 10 条 35 项具体措施。除了针对各类污染源，进一步加强管理、减少多污染物排放外，"大气十条"关注了大气污染产生的重要驱动因素，提出了"治本"的针对性措施。一是针对我国第二产业比例偏高、重工业份额偏重的实际情况，强调加快产业结构调整，通过提高重工业行业的环境准入门槛和加快过剩产能退出，减少重污染行业的排放。二是针对我国能源结构中燃煤比重偏高的实际情况，进一步加强了能源清洁利用的要求，尤其是对京津冀、长三角和珠三角等大气污染严重的区域，提出了煤炭消费量负增长的目标，并强调通过跨区输电和增加引进天然气来满足能源增长的需求。三是强化了机动车污染防治，不仅在特大城市机动车保有量控制、燃油品质提升等方面提出要求，还对新车用车管理提出具体工作目标。

总体而言，“大气十条”是建立在国家战略高度的、对大气污染防治工作的顶层设计，是向治理空气污染的一部“宣战书”，体现了我国大气污染防治工作的4个重要转变：一是在控制目标上，由污染物排放总量控制目标转向环境空气质量改善目标；二是在控制对象上，从传统的二氧化硫、氮氧化物和烟粉尘的单独控制转向二氧化硫、氮氧化物、一次颗粒物、挥发性有机物等大气污染物的多污染物控制；三是在控制手段上，在以前的工业点源和机动车基础上，大幅提高了对面源的控制要求，强调经济结构和能源清洁化以及多污染源综合控制；四是在管理模式上，从传统的属地管理转向属地管理和区域联防联控结合的方式。

第四章
土壤监测

实训 26　土壤中有效磷的测定

一、实训原理

土壤中有效磷的含量，随土壤类型、气候、施肥水平、灌溉、耕作培措施等条件的不同而变化。土壤有效磷的测定，有助于了解近期内土壤供应磷的情况，为合理施用磷肥及提高磷肥利用率提供依据。

土壤有效磷测定中，浸提剂的选择主要根据土壤的类型和性质而定。同一土壤用不同的方法测得的有效磷含量可以有很大差异，即使使用同一浸提剂，浸提时的土液比、温度、时间、振荡方式和强度等条件的变化，对测定结果也会产生较大的影响。所以有效磷含量只是一个相对的指标，只有用同一方法，在严格控制的相同条件下，测得的结果才有比较的意义。在报告有效磷测定的结果时，必须说明所使用的测定方法。

土壤中磷主要以磷酸钙盐、磷酸铝盐和磷酸铁盐的形态存在。浸出液中磷的浓度很低，须用灵敏的钼蓝比色法测定。

当土样含有机质较多时，会使浸出液颜色变深而影响吸光度，或在显色时出现浑浊而干扰测定。此时可在浸提振荡后，向土壤悬液中加入活性炭脱色，或在分光光度计 800 nm 波长处测定以消除干扰。

在酸性条件下，正磷酸盐与钼酸铵、酒石酸反应，生成磷钼杂多酸，被还原剂抗坏血酸还原，则变成蓝色的络合物，通常称为磷钼蓝。

二、仪器与试剂

1. 仪器

50 mL 比色管，50 mL 容量瓶，1 mL、5 mL、10 mL、15 mL、25 mL 移液管，150 mL 锥形瓶，分光光度计。

2．试剂

①（1+1）硫酸。

②10%抗坏血酸 100 g/L 溶液：溶解 10 g 抗坏血酸（$C_6H_8O_6$）于水中，并稀释至 100 mL。该溶液贮于棕色的试剂瓶中，在约 4℃可稳定几周。如颜色变黄，则弃去重配。

③钼锑抗试剂：溶解 10.0 g 钼酸铵[$(NH_4)_6Mo_7O_{24}\cdot 4H_2O$]于 300 mL 约 60℃水中，冷却。然后将稀 H_2SO_4 溶液倒入钼酸铵溶液中，搅匀，再加入 100 mL 0.3%酒石酸锑氧钾［$K(SbO)C_4H_4O_7\cdot 0.5H_2O$］溶液。最后用水稀释至 2 L，盛于棕色瓶中，此为钼锑贮备液。临用前（当天）取 0.50 g 抗坏血酸溶于 100 mL 钼锑贮备液中，此为钼锑抗试剂，在室温下有效期为 24 h，在 2～8℃冰箱中可贮存 7 d。

④磷标准贮备溶液：将优级纯磷酸二氢钾（KH_2PO_4）于 110℃干燥 2 h，在干燥器中放冷。称取 0.219 7 g 溶于水，移入 1 000 mL 容量瓶中。加（1+1）硫酸 5 mL，用水稀释至标线。此溶液每毫升含 50.0 μg 磷（以 P 计）。本溶液在玻璃瓶中可贮存至少 6 个月。

⑤磷酸盐标准使用溶液：吸取 10.0 mL 的磷酸盐贮备液于 250 mL 容量瓶中，用水稀释至标线。此溶液每毫升含 2.00 g 磷。临用时现配。

⑥0.5 mol/L $NaHCO_3$（pH=8.5）浸提剂：准确称取 42.0 g $NaHCO_3$ 溶于约 800 mL 水中，稀释至 1 L，用浓 NaOH 调节至 pH=8.5，贮于聚乙稀瓶或玻璃瓶中，用塞塞紧。该溶液久置会因失去 CO_2 而使 pH 升高，所以如贮存期超过 20 d，在使用前必须检查并校准 pH 值。

三、实训步骤

1．标准曲线的绘制

取 8 个 50 mL 比色管，分别加入磷酸盐标准使用液 0 mL、1.50 mL、2.50 mL、5.00 mL、10.00 mL、15.00 mL、20.00 mL、25.00 mL，加 0.5 mol/L 的 $NaHCO_3$（pH=8.5）溶液定容至 50 mL。该标准系列溶液中磷的质量浓度依次为 0 mg/L、

0.15 mg/L、0.25 mg/L、0.50 mg/L、1.00 mg/L、1.50 mg/L、2.00 mg/L、2.50 mg/L。

显色。吸取该标准系列溶液各 10.00 mL 于容量瓶中，分别加入 5.00 mL 钼锑抗显色剂，慢慢摇动，使 CO_2 逸出。再加入 10.00 mL 水，充分摇匀，逐尽 CO_2。在高于 15℃处静置 30 min。

测量。用 1 cm 光径比色皿在 660 nm 波长处测读吸光度，以空白（10.00 mL 0.5 mol/L 的 $NaHCO_3$ 溶液）为参比，调节分光光度计的零点，测定吸光度。减去空白实验的吸光度，并从标准曲线上查出磷含量。然后以上述标准系列溶液的磷质量浓度为横坐标，相应的吸光度为纵坐标，绘制校准曲线。

2．样品测定

称取风干土样（1 mm）2.50 g 置于干燥的 150 mL 锥形瓶中，加入 25±1℃的蒸馏水 125 mL，于往复振荡机上振荡 30±1 min，立即用无磷干滤纸过滤到 150 mL 锥形瓶中。在浸提土样的当天，吸取滤出液 10.00 mL 处理显色，测定吸光度。

四、实训结果

$$w=\frac{\left[(A-A_0)-\mathrm{a}\right]\times V_1\times 50}{\mathrm{b}\times V_2\times m\times W}$$

式中：w——土壤有效磷含量，mg/kg；

A——试样吸光度值；

A_0——空白试样吸光度值；

a——标准曲线截距；

V_1——试样体积，50 mL：

50——显色时定容体积，mL；

b——标准曲线斜率；

V_2——吸取试样体积，mL；

m——试样量，2.50 g；

W——土壤干物质含量，%。

思政小课堂：过犹不及——磷肥超量使用的启示

磷在植物体中的含量仅次于氮和钾，一般在种子中含量较高。磷对植物营养有重要的作用。植物体内几乎许多重要的有机化合物都含有磷。磷能促进早期根系的形成和生长，提高植物适应外界环境条件的能力，有助于植物抵抗住冬天的严寒。磷有促熟作用，能提高许多水果、蔬菜和粮食作物的品质。磷有助于增强一些植物的抗病性。

磷是植物必需的大量元素之一，我国耕地土壤中全磷的含量为 0.17～1.09 g/kg。我国缺磷土壤面积约为 10.09 亿亩，主要是北方石灰性土壤、东北白浆土、红壤、紫色土和低产水稻土。所谓缺磷土壤一般是指土壤有效磷含量小于 10 mg/kg 的土壤。

人们一般通过施用磷肥的方法来解决土壤磷素不能满足植物生长需要的问题。施入土壤中的磷肥并不能完全被植物所利用，大部分磷肥被土壤固定，进而转化为土壤磷库的一部分。

土壤供磷状况以土壤有效磷含量表示。化学方法测定的土壤有效磷含量是评价土壤供磷能力高低的指标，是合理施用磷肥的重要依据。

施用磷肥过量，会使作物从土壤中吸收过多的磷素营养。过多的磷素营养会促使作物呼吸作用过于旺盛，消耗的干物质大于积累的干物质，造成繁殖器官提前发育，引起作物过早成熟，籽粒小，产量低。磷肥过量还会造成土壤中有害元素积累。磷肥主要来源于磷矿石，磷矿石中含有许多杂质，其中包括镉、铅、氟等有害元素。

实训 27　土壤中农药残留量的测定

一、实训原理

常见的有机氯农药包括六六六、DDT、毒杀酚、氯丹、狄氏剂、艾氏剂等。有机氯农药为高残留农药，其中的六六六、DDT 等已被停止生产和使用；其他也被限制使用。

有机磷农药：广泛使用的有数十个品种，最常用的是“1605”、“1059”、马拉硫磷、乐果、敌百虫等。这类农药在食物中停留时间较短，残留量与农药的使用量、食物品种有关。一般来说，食物经过加工、烹调，有机磷成分可被破坏。

其他农药：①有机汞类，如西力生、赛力散等，因残留期很长，我国已停止生产和使用。②氨基甲酸酯类，如西维因，属低残留农药，但在土壤中可残留 1～2 年，瓜果、蔬菜中也有残留。③有机砷，长期从食物中摄入，可造成慢性中毒。

六六六农药有 7 种顺、反异构体（α、β、γ、δ、ε、η 和θ）。一般只检测前 4 种异构体。它们的物理化学性质稳定，不易分解，且具有水溶性低、脂溶性高、在有机溶剂中分配系数大的特点，因此本法采取有机溶剂提纯、浓硫酸纯化以消除或减少对分析的干扰，然后用电子捕获检测器进行检测。

二、仪器与试剂

1．仪器

气相色谱仪，水分快速检测仪，250 mL 脂肪提取器，微量注射器。

2．试剂

①石油醚。

②丙酮。

③无水硫酸钠：300℃烘 4 h 后，干燥备用。

④2%硫酸钠水溶液。

⑤30～80 目硅藻土。

⑥脱脂棉：用石油醚回流 4 h 后，干燥备用。

⑦滤纸筒：适当大小滤纸用石油醚回流 4 h 后，干燥做成筒状。

⑧α-六六六、β-六六六、γ-六六六、δ-六六六标准液。将色谱纯 α-六六六、β-六六六、γ-六六六、δ-六六六用石油醚配制成 200 mg/L 的贮备液，再用石油醚配制成适当浓度的标准使用液。

三、实训步骤

1. 土样的提取

称取经风干过 60 目筛的土壤 20.00 g（另取 10.00 g 测定水分含量）置于小烧杯中，加 2 mL 水、4 g 硅藻土，充分混合后，全部移入滤纸筒内，上部盖一滤纸，移入脂肪提取器中。加入 80 mL（1+1）石油醚-丙酮混合液浸泡 12 h 后，加热回流提取 4 h。回流结束后，脂肪提取器上部有积聚的溶剂。待冷却后将提取液移入 500 mL 分液漏斗中，用脂肪提取器上部溶液分 3 次冲洗提取器烧杯，将洗涤液并入分液漏斗中。向分液漏斗中加入 300 mL 2%硫酸钠水溶液，振摇 2 min，静止分层后，弃去下层丙酮水溶液，上层石油醚提取液供纯化用。

2. 纯化

在盛有石油醚提取液的分液漏斗中，加入 6 mL 浓硫酸，开始轻轻振摇，并不断将分液漏斗中因受热释放的气体放出，以防压力太大引起爆炸，然后剧烈振摇 1 min。静止分层后弃去下部硫酸层。用硫酸纯化数次，视提取液中杂质多少而定，一般 1～3 次，然后加入 100 mL 2%硫酸钠水溶液，振摇洗去石油醚中残存的硫酸。静止分层后，弃去下部水相。上层石油醚提取液通过铺有 1 cm 厚的无水硫酸钠层的漏斗（漏斗下部用脱脂棉支撑无水硫酸钠），脱水后的石油醚收集于

50 mL 容量瓶中，无水硫酸钠层用少量石油醚洗涤 2～3 次。洗涤液也收集至上述容量瓶中，加石油醚稀释至刻度，供色谱测定。

3．测定

首先用微量注射器从进口定量注入六六六标准样，各 2 次。记录进样量、保留时间及峰高或面积，计算时用平均值。再用同样的方法对样品进行进样分析，并进行记录。

四、实训结果

（1）以表格形式记录色谱的操作条件和标准样测试结果。

（2）以表格形式记录土样测定结果，并按下列公式计算六六六各异构体的量。

$$w_{样}=(H_{样}\times\rho_{标}\times Q_{标})/(H_{样}\times Q_{样}\times R\times K)$$

式中：$w_{样}$——样品中六六六的含量，μg/kg；

$H_{样}$——样品中相应峰的高度，mm；

$H_{标}$——标准溶液峰高，mm；

$\rho_{标}$——标准溶液质量浓度，μg/L；

$Q_{标}$——标准溶液进样量，5 μL；

$Q_{样}$——样品进样量，5 μL；

K——样品提取液的体积相当于样品的质量，kg/L，本法中：

$$K=20.00\times(1-M)/50$$

R——相应化合物的添加回收率，%；

M——土壤中水分的质量分数，%。

“土壤十条”——护佑蓝天碧水净土的最后一战

坚守绿水青山初心，护佑蓝天碧水净土。土壤是经济社会可持续发展的物质基础，关系人民群众身体健康，关系美丽中国建设。保护好土壤环境是推进生态文明建设和维护国家生态安全的重要内容。当前，我国土壤环境总体状况堪忧，部分地区污染较为严重，已成为全面建成小康社会的突出短板。为切实加强土壤污染防治，逐步改善土壤环境质量，2016 年 5 月国务院发布《土壤污染防治行动计划》(以下简称“土壤十条”)。

“土壤十条”提出，到 2030 年，全国土壤环境质量稳中向好，农用地和建设用地土壤环境安全得到有效保障，土壤环境风险得到全面管控。到 21 世纪中叶，土壤环境质量全面改善，生态系统实现良性循环。

“土壤十条”坚持问题导向、底线思维，坚持突出重点、有限目标，坚持分类管控、综合施策，确定了十个方面的措施：一是开展土壤污染调查，掌握土壤环境质量状况。二是推进土壤污染防治立法，建立健全法规标准体系。三是实施农用地分类管理，保障农业生产环境安全。四是实施建设用地准入管理，防范人居环境风险。五是强化未污染土壤保护，严控新增土壤污染。六是加强污染源监管，做好土壤污染预防工作。七是开展污染治理与修复，改善区域土壤环境质量。八是加大科技研发力度，推动环境保护产业发展。九是发挥政府主导作用，构建土壤环境治理体系。十是加强目标考核，严格责任追究。

制定实施《土壤污染防治行动计划》是党中央、国务院推进生态文明建设，坚决向污染宣战的一项重大举措，是系统开展污染治理的重要战略部署，对确保生态环境质量改善、各类自然生态系统安全稳定具有重要作用。至此，与已经出台的《大气污染防治行动计划》和《水污染防治行动计划》一起，针对我国当前面临的大气、水、土壤环境污染问题，三个污染防治行动计划已经全部制订发布实施。

实训 28　土壤有机质的测定

一、实训原理

在外加热的条件下，用一定浓度的重铬酸钾溶液氧化土壤有机质，剩余的重铬酸钾用硫酸亚铁返滴定，从所消耗的重铬酸钾量，计算有机碳的含量。本方法测得的结果，与干烧法对比，只能氧化 90%的有机碳，因此将获得的有机碳乘以校正系数，以计算有机碳量。在氧化滴定过程中化学反应如下：

$$2K_2Cr_2O_7+8H_2SO_4+3C\longrightarrow 2K_2SO_4+2Cr_2(SO_4)_3+3CO_2+8H_2O$$

$$K_2Cr_2O_7+6FeSO_4\longrightarrow K_2SO_4+Cr_2(SO_4)_3+3Fe_2(SO_4)_3+7H_2O$$

二、仪器与试剂

1．仪器

油浴装置。

2．试剂

①0.800 0 mol/L 重铬酸钾标准溶液：称取经 130℃烘干的重铬酸钾 39.224 5 g 溶于水中，定容于 1 000 mL 容量瓶中。

②浓硫酸。

③0.2 mol 硫酸亚铁溶液：称取硫酸亚铁 56.0 g 溶于水中，加浓硫酸 5 mL，稀释至 1 mL。

④指示剂。

a. 邻菲罗啉指示剂：称取 1.485 g 邻菲罗啉与 0.695 g $FeSO_4\cdot 7H_2O$，溶于 100 mL 水中。

b. 2-羧基代二苯胺指示剂：称取 0.25 g 试剂于小研钵中研细，然后倒入 100 mL 小烧杯中，加入 0.18 mol/L NaOH 溶液 12 mL，并用少量水将研钵中残留的试剂冲洗入 100 mL 小烧杯中，将烧杯放在水浴上加热使其溶解，冷却后稀释定容到 250 mL，放置澄清或过滤，用其上清液。

⑤硫酸银粉末。

⑥二氧化硅，粉末状。

三、实训步骤

称取通过 100 目筛孔的风干土样 0.1～1 g（精确到 0.000 1 g），放入干燥试管中，用移液管准确加入 0.800 0 mol/L 重铬酸钾标准溶液 5 mL，加入浓 $H_2SO_4$5 mL 充分摇匀，管口盖上小烧杯，以冷凝蒸出水汽。

将 8～10 个试管放入油浴加热装置中（试管内的液温控制在约 170℃），待试管内液体沸腾产生气泡时开始计时，煮沸 5 min，取出试管。

冷却后，将试管内容物倾入 250 mL 锥形瓶中，用水洗净试管内部及小烧杯，锥形瓶内溶液总体积为 60～70 mL，保持混合液中（$1/2H_2SO_4$）浓度为 2～3 mol/L，然后加入 2-羧基代二苯胺指示剂 12～15 滴，此时溶液呈棕红色。用 0.2 mol/L 硫酸亚铁标液滴定，滴定过程中不断振荡锥形瓶，直至溶液的颜色由棕红色经紫色变为暗绿，即为滴定终点。记录 $FeSO_4$ 滴定体积。

每一批样品测定的同时，进行空白试验，即取 0.500 g 粉末状二氧化硅代替土样，记录 $FeSO_4$ 滴定体积。

四、实训结果

$$\text{土壤有机碳}=\frac{\dfrac{c\times 5}{V_0}\times(V_0-V)\times 10^{-3}\times 3.0\times 1.1}{m\times k}\times 1\,000$$

式中：c——0.800 0 mol/L 重铬酸钾标准溶液的浓度；

5——重铬酸钾标准溶液加入的体积，mL；

V_0——空白滴定用去的 $FeSO_4$ 体积，mL；

V——样品滴定用去的 $FeSO_4$ 体积，mL；

3.0——1/4 碳原子的摩尔质量，g/mol；

10^{-3}——将 mL 换算为 L；

1.1——氧化校正系数；

m——风干土样质量，g；

k——将风干土样换算成烘干土的系数。

五、注意事项

①含有机质高于 50 g/kg 者，取土样 0.1 g；含有机质高于 20 g/kg 者，取土样 0.3 g；少于 20 g/kg 者，取土样 0.5 g 以上。

②土壤中氯化物的存在可使结果偏高。因为氯化物也能被重铬酸钾所氧化，因此，盐土中有机质的测定必须防止氯化物的干扰。少量氯可加少量 Ag_2SO_4，使氯离子沉淀下来（生成 AgCl）。Ag_2SO_4 的加入，不仅能沉淀氯化物，而且有促进有机质分解的作用。据研究，当使用 Ag_2SO_4 时，校正系数为 1.04，不使用 Ag_2SO_4 时校正系数为 1.1。Ag_2SO_4 的用量不能太多，约加 0.1 g，否则生成 $Ag_2Cr_2O_7$ 沉淀，影响滴定。

③消解完成溶液颜色，一般应是黄色或黄中稍带绿色，如果以绿色为主，则说明重铬酸钾用量不足。在滴定时消耗硫酸亚铁量小于空白用量的 1/3 时，有氧化不完全的可能，应弃去重做。

思政小课堂：共生共存，共同繁荣——土壤有机质与生物的关系

土壤有机质是土壤中除矿物质以外的物质，是土壤中最活跃的部分。有机质是土壤肥力的基础，没有土壤有机质，土壤就没有肥力。土壤为人类提供了粮食、果蔬和优质纤维；半分解的动植物残体、微生物生命活动的各种代谢产物及腐殖质，又通过自然循环向土壤“返还”有机质。土壤与动物、植物、微生物和人类共生共存，维持着生态平衡。

第二次全国土壤普查中，根据耕层有机质含量按一定的标准划分成 6 个等级。

根据土壤有机质含量划分的六级制分级

级别	有机质含量/（g/kg）
一级	>40
二级	30～40
三级	20～30
四级	10～20
五级	6～10
六级	<6

目前，全国农田耕层土壤有机质平均含量为 24.65 g/kg，仍以黑龙江最高，达到了 40.43 g/kg。宁夏土壤有机质平均含量最低，仅为 13.61 g/kg。

农田土壤有机质主要来源于作物根茬、还田的秸秆、翻压的绿肥以及人畜禽粪便、养殖废弃物、某些轻工业副产品以及部分生活垃圾制成的堆肥等。

在自然状态下，影响土壤有机质含量的因素包括气候、植被、母质、地形和时间，而在人类耕作活动影响下，施肥状况和耕作措施则成为短期影响农田土壤有机质含量的主要原因。

土壤有机质仅占土壤的少部分，但其与土壤的物理、化学、生物等许多属性存在着直接或间接关系，是土壤的重要组成部分，对土壤结构的形成和土壤物理状况的改善起着决定性的作用。土壤有机质主要以 3 种形式存在于土壤中：一是分解很少，仍保持原形态学特征的动植物残体；二是动植物残体的半分解产物及微生物代谢产物；三是有机质的分解和合成而形成的较稳定的高分子化合物——腐殖酸类化合物。有机质通过矿化作用为植物和微生物提供物质能源，同时具有保肥和缓冲的性能。此外，有机质对全球碳平衡起着决定性的作用，被认为是影响全球温室效应的主要因素。因此，对土壤有机质进行测定，了解有机质的动态变化特征是开展环境保护工作、管理农业生产、实现可持续发展以及缓解温室效应的工作基础。

第五章
生物监测

实验 29 蔬菜中硝酸盐含量的测定

一、实训原理

蔬菜中硝酸盐含量与土壤中的氮素，特别是硝态氮量以及氮素化肥的施用量呈正相关，尤其在成熟期施氮影响更明显。按每人每天食用 0.5 kg 蔬菜计算，根据相关标准，蔬菜中硝酸盐的允许标准为 600 μg/kg。

用 pH 为 9.6～9.7 的氨缓冲液提取样品中硝酸根离子，同时加活性炭去除色素类物质，加沉淀剂去除蛋白质及其他干扰物质，利用硝酸根离子和亚硝酸根离子在紫外区 219 nm 处具有等吸收波长的特性，测定提取液的吸光度，测得结果为硝酸盐和亚硝酸盐吸光度的总值。鉴于新鲜蔬菜、水果中亚硝酸盐含量甚微，可忽略不计。测定结果为硝酸盐的吸光度，可从标准曲线上查得相应的质量浓度，计算样品中硝酸盐的含量。

二、仪器与试剂

1. 仪器

紫外分光光度计，分析天平，研钵，可调式往返振荡机，精密 pH 计。

2. 试剂

①盐酸。

②氢氧化铵。

③氨缓冲溶液（pH 为 9.6～9.7）：量取 20 mL 盐酸，加到 500 mL 水中，混合后加入 50 mL 氢氧化铵，用水定容至 1 000 mL。用精密 pH 计调节 pH 到 9.6～9.7。

④活性炭粉末。

⑤正辛醇。

⑥15%亚铁氰化钾溶液：称取 150 g 亚铁氰化钾溶于水，定容至 1 000 mL。

⑦30%硫酸锌溶液：称取 300 g 硫酸锌溶于水，定容至 1 000 mL。

⑧硝酸盐标准溶液：称取 0.203 9 g 经 110℃±5℃烘干至恒重的硝酸钾（优级纯），用水溶解，定容至 250 mL。此溶液硝酸根质量浓度为 500 mg/L，于冰箱内保存。

三、实训步骤

1．采样

选取一定数量的生菜，先用自来水冲洗，再用蒸馏水清洗干净，用吸水纸吸干表面水分，剪碎后充分混匀，称取 5.0 g 于研钵中充分研磨。

2．浸取

将样品研磨成浆后，再加入适量蒸馏水，并将混合物转移到 50 mL 的容量瓶中，加 1 滴正辛醇消除泡沫，再加入 3 mL 氨缓冲溶液，0.5 g 粉末状活性炭。放置于可调式往返振荡机上（200 次/min）振荡 30 min，加入亚铁氰化钾溶液和硫酸锌溶液各 1 mL，充分混合，加水定容至 100 mL，充分摇匀，放置 5 min，用定量滤纸过滤。

3．测定

分别吸取 0 mL、0.2 mL、0.4 mL、0.6 mL、0.8 mL、1.0 mL 和 1.2 mL 硝酸盐标准溶液于 50 mL 容量瓶中，加水定容至刻度，摇匀，此标准系列溶液硝酸根质量浓度分别为 0 mg/L、2.0 mg/L、4.0 mg/L、6.0 mg/L、8.0 mg/L、10.0 mg/L 和 12.0 mg/L。用 1 cm 石英比色皿，于 219 nm 处测定吸光度，以标准溶液质量浓度为横坐标，吸光度为纵坐标绘制标准曲线。

根据试样中硝酸盐含量的高低，吸取蔬菜滤液 10 mL 于 50 mL 容量瓶内，用水定容。用 1 cm 石英比色皿，于 219 nm 处测定吸光度。

四、实训结果

样品中硝酸盐含量以质量分数 w 表示，数值以 mg/kg 计，按下列公式计算：

$$w = \rho \times V_1 \times V_3 / (m \times V_2)$$

式中：w——样品中硝酸盐含量，mg/kg；

ρ——从工作曲线中查得测试液中硝酸盐质量浓度，mg/L；

V_1——提取液定容体积，mL；

V_2——吸取滤液体积，mL；

V_3——待测液定容体积，mL；

m——样品质量，g。

实训 30 培养基的制备

一、实训原理

1. 培养基的含义和分类

培养基是人工配制的适合微生物生长繁殖或积累代谢产物的营养基质，用以培养、分离、鉴定、保存各种微生物或积累代谢产物，同时也是微生物的繁殖基地。在自然界中，微生物种类繁多，营养类型多样，加之实验和研究的目的不同，所以培养基的种类很多。但是不同种类的培养基中一般都含有适宜的水分、碳源、氮源、无机盐类、生长因子等营养成分，这些营养物为微生物提供能源、组成细胞及调节代谢活动。不同微生物对 pH 要求不一样，霉菌和酵母培养基的 pH 一般偏酸性，而细菌和放线菌培养基的 pH 一般为中性或偏碱性（嗜酸细菌和嗜碱细菌除外）。所以配制培养基时，要根据不同微生物的具体要求，将培养基的 pH 调到合适的范围。

根据微生物的种类和实验目的，培养基可分类如下：

①按成分的不同分为天然培养基、合成培养基和半合成培养基。环境微生物学中，常在废水中补加少量氮、磷等物质来培养微生物，可认为是天然培养基或半合成培养基。

②按培养基的物理状态分为固体培养基、半固体培养基和液体培养基。

③按培养基用途分为普通培养基、富集培养基（营养培养基）、选择培养基和鉴别培养基。

下面介绍几种常用的培养基。

牛肉膏蛋白胨培养基是一种应用广泛的细菌基础培养基，属于普通培养基。由于这种培养基中含有一般细菌生长繁殖所需要的最基本的营养物质，所以可供微生物生长繁殖之用。

高氏 I 号培养基是用来培养和观察放线菌形态特征的合成培养基，如果加入适量的抗菌药物（如抗生素、酚等），则可用来分离各种放线菌。此合成培养基的主要特点是含有各种化学成分已知的无机盐，这些无机盐可能相互作用产生沉淀。如高氏 I 号培养基中的磷酸盐和镁盐相互混合时易产生沉淀，因此在确定混合培养基成分时，一般是按配方的顺序依次溶解各组分，有时还需要将两种或多种成分分别灭菌，使用时再按比例混合。此外，合成培养基有时还要补加微量元素，如高氏 I 号培养基中的 $FeSO_4 \cdot 7H_2O$ 的量只有 0.001%，因此在配制培养基时需预先配成高浓度的 $FeSO_4 \cdot 7H_2O$ 贮备液，然后再按需要量加到培养基中。

马丁氏培养基是一种用来分离真菌的选择性培养基，其主要特点是培养基中加入孟加拉红和链霉素，能有效地抑制细菌和放线菌的生长，而对真菌无抑制作用，真菌在这种培养基上可以优势生长，从而达到分离真菌的目的。

培养细菌常用肉膏蛋白胨培养基，培养放线菌常用淀粉培养基，培养酵母菌常用麦芽汁培养基。环境监测实验制备的培养基为牛肉膏蛋白胨培养基（供测定水中细菌总数及微生物纯种分离培养用）。

牛肉膏蛋白胨培养基配方：

牛肉膏 5.0 g，蛋白胨 10.0 g，NaCl 5.0 g，水 1 000 mL，pH 7.4～7.6。

高氏 I 号培养基配方：

可溶性淀粉 20 g，NaCl 0.5 g，KNO_3 1 g，$K_2HPO_4 \cdot 3H_2O$ 0.5 g，$MgSO_4 \cdot 7H_2O$ 0.5 g，$FeSO_4 \cdot 7H_2O$ 0.01 g，琼脂 15～25 g，水 1 000 mL，pH 7.4～7.6。

马丁氏培养基配方：

KH_2PO_4 1 g，$MgSO_4 \cdot 7H_2O$ 0.5 g，蛋白胨 5 g，葡萄糖 10 g，琼脂 15～20 g，水 1 000 mL。

2．灭菌和消毒方法

灭菌是利用物理、化学原理杀死微生物全部营养细胞和芽孢或孢子。消毒和灭菌不同，消毒是用物理、化学因素杀死部分微生物营养细胞。

灭菌方法有很多：过滤除菌法；化学药品消毒和灭菌法；利用酚、含汞药物及甲醛等使细菌蛋白质凝固变性，以达到灭菌目的；还有利用物理因素如高温、紫外线和超声波等灭菌。下面将实验室常用的灭菌方法介绍如下：

（1）加热法

1）湿热灭菌

①高压蒸汽灭菌法

加热灭菌是最主要的灭菌方法。高压蒸汽灭菌比干热灭菌有优势，因为湿热的穿透力和热传导比干热的强，湿热时微生物吸收高温水分，菌体蛋白很容易凝固变性，另外，水蒸气冷凝时会释放出大量的潜热，所以湿热灭菌效果好。湿热灭菌的温度是在 121℃维持 15～30 min，而干热灭菌的温度则是在 160℃维持 2 h 才能达到与湿热灭菌同样的效果。微生物实验的一切器皿、器具、培养基（不耐高温除外）、工作服等多可用此法灭菌。若蒸汽中含有空气，则相同压力下温度要低，达不到灭菌的温度。

高压蒸汽灭菌法使用高压灭菌锅，高压灭菌锅是能耐一定压力的密闭金属锅，有立式和卧式两种。灭菌锅上有压力表、安全阀、放气阀、排水口等，有的还有蒸汽入口。内部有一铝制内桶，桶内有一隔板，隔板应倒放，主要是防止在内桶壁上凝结的水分沿桶壁打湿被灭菌的物品。

②常压蒸汽灭菌法

此法又称为间歇灭菌。对于一些易受高温破坏的培养基的灭菌，应采用常压下的间歇灭菌。它是在连续的 3 d 内，每天蒸煮一次，100℃下煮 30～60 min 后，冷却置于 37℃恒温箱中培养 24 h，次日又蒸煮一次，重复前一天的工作，第三天蒸煮后基本无菌。为确保无菌，仍要置于 37℃培养 24 h，确定无菌方可使用。

③煮沸消毒

常压下，水的沸点是 100℃，在此温度下将待灭菌的物品煮沸 10～15 min，可杀死一切细菌。虽然许多芽孢经煮沸数小时也不一定死亡，但由于形成芽孢的病原菌不多，故此法适用于灭菌要求不高的培养基与物品。如果在水中加入 1%～2%碳酸氢钠或 2%～5%的石炭酸效果会更好，可将溶液的沸点提高到 105℃，这样既可以促进芽孢的杀灭，又可防止器皿生锈。另外，注射器和解剖器械等可用煮沸消毒法。

④超高温杀菌

超高温杀菌是指在温度和时间标准分别为135～150℃和2～8 s的条件下对牛乳或其他液体食品进行处理的一种工艺，其最大的优点是既能杀死产品中的微生物，又能很好地保持食品品质与营养价值。

2）干热灭菌

干热灭菌有火焰烧灼灭菌和热空气灭菌两种。火焰烧灼灭菌适用于接种环、接种针和金属用具，无菌操作时的试管口和瓶口也是火焰上做短暂烧灼灭菌。涂布平板用的玻璃棒也可在蘸有乙醇后进行烧灼灭菌。

热空气灭菌是先将已包装好的待灭菌物品放入干燥箱中，将温度调至 160℃维持 2 h，再把干燥箱的调节旋钮调回零处，待温度降至 50℃左右，再将物品取出。它是利用高温使微生物细胞内的蛋白质凝固变性而达到灭菌的目的。培养基、橡胶制品和塑料制品不能采用干热灭菌。

干热灭菌时物品不应摆得太密，以免妨碍空气流通；物品不接触烘箱的内壁；温度不得超过 170℃，以免包装纸被烧焦。烘箱的温度未降到 70℃以前，切勿打开箱门，以免骤然降温导致玻璃器皿炸裂。

（2）过滤除菌

过滤除菌适用于不能用热力灭菌的培养基或其他溶液，如抗生素、血清、疫苗等。常用的滤器有玻璃滤器和蔡氏滤器。玻璃滤器滤板是由玻璃粉热压而成，具有微孔。过滤除菌常用的玻璃滤器的型号为 G5 和 G6。蔡氏滤器使用混合纤维素酯微孔滤膜，孔径有 0.22 μm 和 0.45 μm 等不同规格。一般认为 0.22 μm 孔径滤膜可阻留去除大部分细菌，如果灭菌要求不高，0.45 μm 的滤膜也可将细菌总数减少至小于 10 个/mL。

过滤除菌法应用十分广泛，除实验室用于某些溶液、试剂的除菌外，工业上所用的大量无菌空气都是根据过滤器除菌的原理设计的。

过滤除菌时操作步骤如下：

①将滤器、接液瓶和垫圈分别用纸包好，滤膜可放在平皿中用纸包好。在使用前先经高压蒸汽灭菌 30 min。

②以无菌操作将滤器装置装好。

③用无菌无齿镊子将滤膜安放在隔板上，滤膜粗糙面向上。

④将待除菌的液体注入滤器内，开动真空泵即可除菌。

⑤滤液经培养、无菌生长后，可保存备用。

（3）辐射灭菌

紫外线灭菌是用紫外线灯管进行的。波长为 220～300 nm 的紫外线被称为紫外线的“杀生命区”，其中以 260 nm 的紫外线杀菌力最强。另外，空气在紫外线的照射下可产生臭氧，也有一定的杀菌作用。紫外线透过物质的能力很差，所以只适用于空气及物体表面的灭菌。它与被照物的距离以不超过 1.2 m 为宜，照射时间应视紫外灯管功率的大小、被照空间和面积大小、灭菌效果测定结果而定。

此外，也可用 γ 射线灭菌，它的最大优点是穿透力强，可在厚包装完好条件下灭菌。

注意：紫外线对人体有伤害作用，不要在开灯时工作。

（4）化学药品消毒

化学药品消毒是一种应用化学制剂进行消毒灭菌的方法。能破坏细菌代谢机能并有致死作用的化学药剂为杀菌剂，如重金属离子等；只能抑制细菌代谢机能，使细菌不能增殖的化学药剂为抑菌剂，如磺胺类及大多数抗生素等。化学药品对微生物的作用是抑菌还是杀菌，作用效果好坏与化学药品浓度、处理时间、微生物种类以及好坏环境等因素有关。

二、仪器与试剂

1．仪器

高压蒸汽灭菌锅，干燥箱，酒精灯，试管，三角瓶，烧杯，量筒，玻璃棒，培养皿，培养基分装器，天平，漏斗，铁架，牛角匙，pH 试纸，棉花，牛皮纸，记号笔，麻绳和纱布等。

2. 试剂

牛肉膏，蛋白胨，NaCl，琼脂，1 mol/L NaOH，1 mol/L HCl，KNO_3，$K_2HPO_4\cdot 3H_2O$，$MgSO_4\cdot 7H_2O$，$FeSO_4\cdot 7H_2O$，蔗糖等。

三、实训步骤

1. 玻璃器皿的洗涤

玻璃器皿在使用前必须洗涤干净。培养皿、试管、三角瓶等可用洗衣粉（或洗涤剂）洗刷，并用自来水冲净，必要时用洗液进行洗涤。移液管先用洗液浸泡，再用水冲洗干净。洗刷干净的玻璃器皿自然晾干或放入烘箱中烘干，备用。

2. 培养基的制备

（1）称量、配制溶液

按培养基配方比例逐一称取（用 0.01 g 的粗天平即可）各种组分。取一烧杯盛入一定量的水，依次加入水中溶解。牛肉膏等黏性物质，可盛入小烧杯或表面皿中称量，以便用水溶解移入培养基中。蛋白胨、酵母粉等极易吸潮的物质在称量时应动作迅速。如配方中有淀粉则应先将其用少量冷水调成糊状，再加入已溶解的成分中，边加热边搅拌，至全部溶化即溶液由浑浊变澄清。

某些无机盐类如磷酸盐和钡盐混合时易产生沉淀，必要时应分别灭菌后再混合。此外，生长因子及微量元素等成分因用量少，可预先配成较浓的贮备液，使用时按要求取一定量加入培养液中即可。凝固剂琼脂通常不被微生物所分解利用，在常用浓度下 96℃时溶化，在 40℃时凝固。实际应用时，一般在沸水浴中或下面垫以石棉网煮沸溶化，而且要不断搅拌。有时为了节约时间，将琼脂直接加入三角瓶中，不必加热溶化，而是灭菌和加热同步进行。

注意控制火力使之不要溢出和避免琼脂在底部烧焦。

各成分必须溶解在培养液中，最好溶解一个组分后，再加第二种，有时须加热使其溶解。在加热过程中，水分损失较多，最后应补足至原体积。在马丁氏培养基中加入链霉素时，将链霉素配成 1%的水溶液，在 100 mL 培养基中加 1%链霉素液 0.3 mL，使每毫升培养基中含有链霉素 303 g。由于链霉素受热容易分解，所以临用时，将培养基溶化后待温度降至 45～50℃时加入。

（2）调节 pH

用精密 pH 试纸测培养基的 pH，用 10%HCl 或 10%NaOH，按要求调整至所需的 pH。调整时需注意逐渐滴加，勿使之过酸或过碱而破坏培养基。pH 应调适当，以免回调而影响培养基内各离子的浓度。

（3）过滤

过滤时用纱布或棉花均可，有利于实验结果的观察。如果培养基杂质很少或实验要求不高，可不过滤。

（4）分装

将加热溶解并矫正 pH 的培养基趁热分装于试管或三角瓶中，以免琼脂凝固。可以通过下边套有橡皮管及管夹的普通漏斗进行分装（图 30-1）。

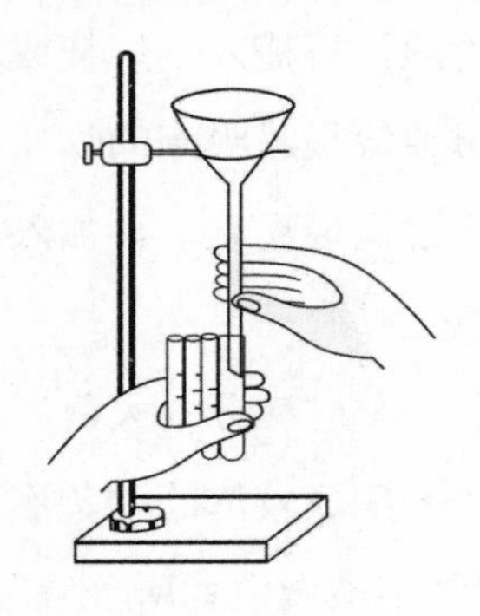

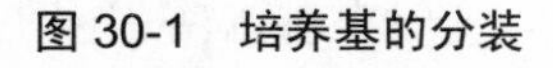

图 30-1　培养基的分装

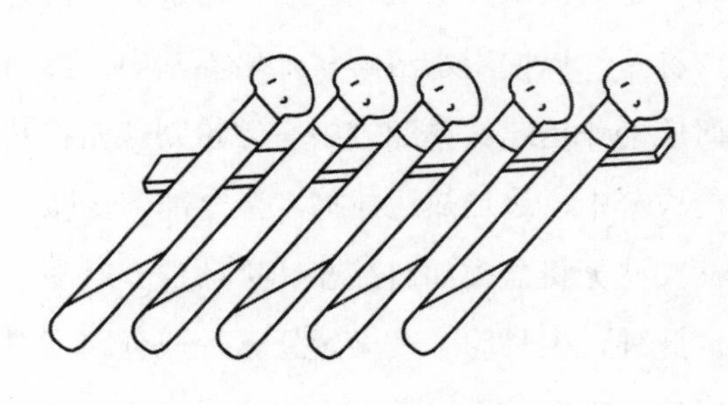

图 30-2　置放成斜面的试管

一般分装入三角瓶时，分装的量根据需要而定，一般以不超过其容积的一半为宜。如果用于振荡培养用，则根据通气量的要求酌情减少；有的液体培养基在灭菌后，需要补加一定量的无菌成分，如抗生素等，此时装量一定要准确。试管中培养基的装入量视试管的大小及需要而定，一般制斜面培养基时，每支试管的装入量为试管高度的1/5～1/4，半固体培养基以试管高度的1/3左右为宜，灭菌后垂直待凝（图30-2）。

分装时应注意防止培养基黏附于管口或瓶口，避免浸湿棉塞而引起杂菌感染或影响接种工作。

（5）加塞和包扎

培养基分装完毕后，在试管口或三角瓶口塞上棉塞（或泡沫塑料及试管帽等，棉塞的制作见图30-3），以阻止外界微生物进入培养基内而造成污染，并保证有良好的通气性能。在装有培养基的三角瓶或试管的棉塞外，包一层牛皮纸；空培养皿由一底一盖组成一套，用牛皮纸将培养皿包好，并用线绳活结形式扎好后即可灭菌。

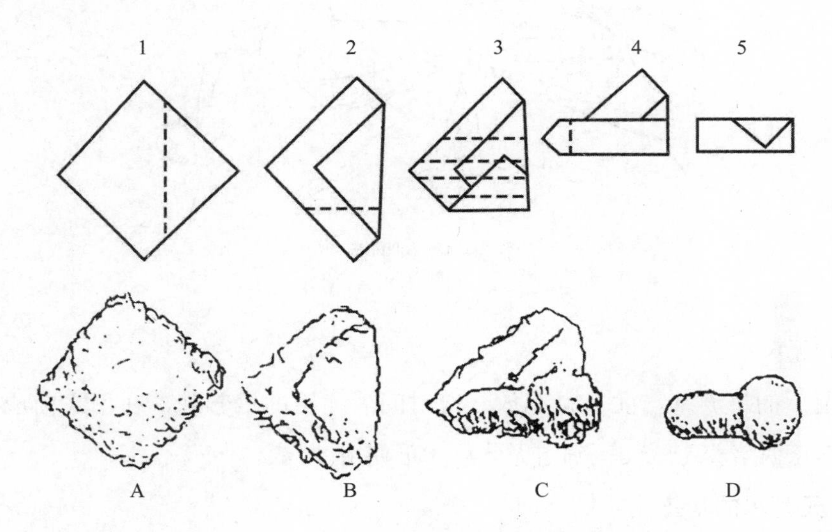

图30-3　棉塞的制作

移液管顶端用细铁丝将少许棉花塞入（过滤细菌）。棉塞要松紧适宜，既能通气又不至于使棉花滑入管内。将塞好棉花的移液管放在4～5 cm宽的长牛皮纸条的一端，移液管与纸条约成30°夹角，折叠包装纸，将移液管压紧，在桌面上向前搓转，纸条螺旋式包在移液管外面，余下纸头折叠打结。按实际需要，可单支包装或多支包装，待灭菌。应用记号笔注明培养基名称、组别、配制日期、配制人等。

（6）灭菌

将上述培养基置于0.103 MPa、121℃、20 min的条件下高压蒸汽灭菌。

（7）倒平板

将灭菌后的培养基在没有凝固之前倒入同样灭菌的平板中。倾倒时用右手拿住三角瓶，在酒精灯火焰的上方打开塞子，左手用虎口夹住平板，中指和无名指托住平板的底部，在酒精灯火焰上方倾倒培养基，培养基在培养皿中的高度为培养皿厚度的1/2～2/3（图30-4）。

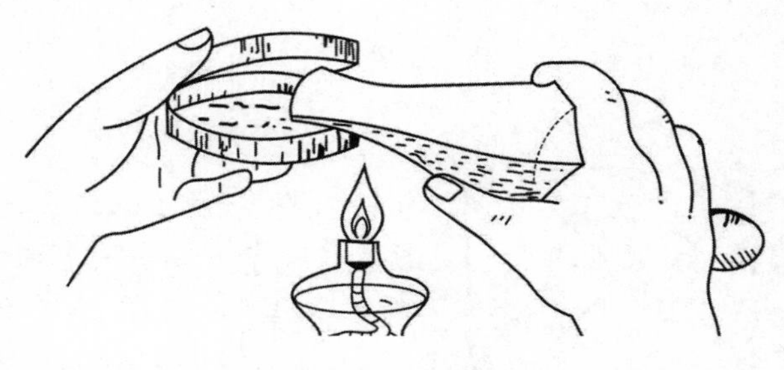

图30-4 倒平板

（8）无菌检查

灭菌后的培养基，尤其是存放一段时间后才用的培养基，在用之前应放置37℃培养箱内培养1～2 d，确定无菌后才可使用。

3．无菌水的制备

①取250 mL的三角瓶，装入90 mL的蒸馏水，塞好棉塞、包扎，待灭菌。

②另取若干只试管，分别装9 mL蒸馏水，塞好棉塞、包扎，待灭菌。

4．灭菌

（1）加水

立式灭菌锅是在锅底加水，用电加热产生蒸汽。水分过少会使加热电阻丝干烧，所以在使用之前应该检查水分的量。

（2）把待灭菌的物品放入锅内

关严锅盖（对称均匀拧紧螺旋），打开排气阀。物品不要装得太满，否则灭菌不彻底。

（3）通电

（4）关闭放气阀

（5）排空

待锅内水沸腾后，压力表指针达到 0.05 MPa 时，打开放气阀将锅内的冷空气全部排尽后，关闭排气阀。一定要全部排空，否则温度达不到灭菌温度。

（6）加温、加压

关闭排气阀后，灭菌锅成为密闭系统，蒸汽不断增加，压力表的指针上升，当压力达到 1.05 kg/cm^2（温度为 121.5℃）时，灭菌开始，这时调整火力的大小使压力维持在 1.05 kg/cm^2，保持 30 min。

（7）中断电源

达到灭菌时间后停止加热，自然降温，当指针回到零时再打开排气阀。不能过早打开，否则，因压力突然降低，产生暴沸，培养基会冲到棉塞处，既损失了培养基，又玷污了棉塞。

（8）揭开锅盖，取出物品，将锅内的水分放掉。

（9）待培养基冷却后，置于 37℃恒温箱中培养 24 h，若需无菌生长则放入冰箱或阴凉处保存备用。

四、思考

①培养基配好后，为什么必须立即灭菌？如何检查灭菌后的培养基是无菌的？

②在配制培养基的操作过程中应注意什么问题？为什么？

③高压锅灭菌时为什么要排尽锅内冷空气？

实训 31 水中细菌总数的测定

一、实训原理

水中细菌总数与水体受有机污染物污染的程度呈正相关，因此细菌总数常作为评价水体污染程度的一个重要指标。本实训采用标准平皿法测定水样中的细菌总数，这是测定水中好氧和兼性厌氧异养细菌密度的方法。由于水中细菌种类繁多，有各自的生理特性，没有单独一种培养基在某一条件下能使水中所有的细菌均能生长繁殖，因此，以一定的培养基平板上生长出来的菌落数实际上要低于被测水样中的实际活细菌的总数，目前一般是采用普通肉膏蛋白胨琼脂培养基。

二、仪器与试剂

1. 仪器

恒温培养箱，高压蒸汽灭菌锅，带塞玻璃瓶，三角烧瓶，试管，吸管，培养皿。

2. 试剂

①培养基：蛋白胨、酵母膏、NaCl、琼脂、蒸馏水、NaOH、HCl。

②无菌水。

三、实训步骤

1. 采样

①先将自来水龙头用火焰烧灼 3 min 灭菌，再打开水龙头使水流 5 min 后，用灭菌三角烧瓶接取水样，以待分析。

②池水、河水和湖水应取距水面 10～15 cm 的深层水样，先将灭菌的带玻璃

塞瓶的瓶口向下浸入水中，然后翻转过来，除去玻璃塞，水即流入瓶中，盛满后，将瓶塞盖好，再从水中取出。

2．细菌总数测定

（1）自来水

以无菌操作方法，用灭菌吸管吸取 1 mL 充分混匀的水样注入灭菌培养皿中，倾注入约 15 mL 已溶化并冷却到 45℃左右的营养琼脂培养基，并立即在桌上作平面旋摇，使水样与培养基充分混匀。勿使混合液体溅到培养皿的边缘。培养皿水平放置至凝固，每个水样共做 2 个培养皿。另取一个无菌培养皿倒入培养基作空白对照。培养基凝固后，倒置于 37℃恒温培养箱内培养 24 h，计菌落数。两个培养皿的平均菌落数即为 1 mL 水样的细菌总数。

（2）池水、河水或湖水等

1）稀释水样

在无菌操作条件下，吸取 10 mL 水样，注入盛有 90 mL 无菌水的三角烧瓶，混合成 10^{-1} 稀释液，注意在吸取水样前，水样和稀释液应彻底搅动均匀。再吸稀释液 1 mL 按 10 倍稀释法稀释成 10^{-2}、10^{-3}、10^{-4} 等连续稀释度（图 31-1）。稀释倍数视水样污染程度而定，一般中等污染者取 10^{-1}、10^{-2}、10^{-3} 三个连续稀释度，污染严重的取 10^{-2}、10^{-3}、10^{-4} 三个连续稀释度。稀释度的选择是本实训精确度的关键，应以单个培养皿上的菌落数在 30～300 个之间的稀释度为最适，若三个稀释度的菌落数均多到无法计数或少到无法计数，则需继续稀释或减小稀释倍数。

2）取稀释水样至培养

用灭菌吸管吸取 1 mL 充分混匀的水样注入灭菌培养皿中，每一稀释度做两个培养皿。再倾注入约 15 mL 已溶化并冷却到 45℃左右的培养基，并立即在桌上作平面旋摇，使水样与培养基充分混匀。培养基凝固后，倒置于 37℃恒温培养箱内培养。

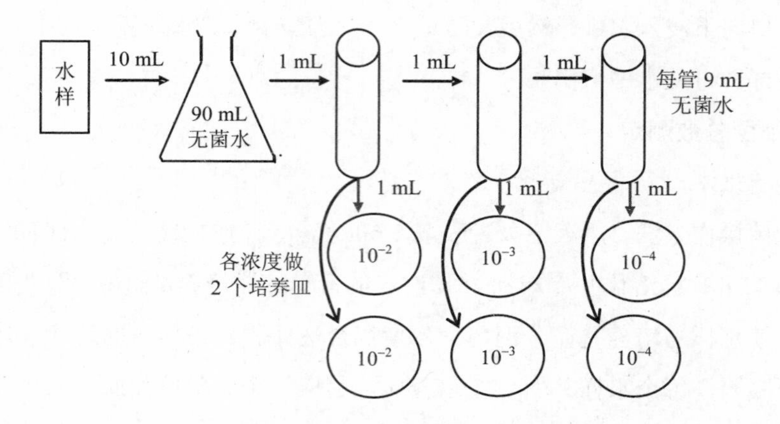

图 31-1 菌液逐渐稀释过程示意

3）计菌落数

将培养 24 h 的培养皿取出计菌落数。取在培养皿上有 30～300 个菌落的稀释倍数计数。

四、实训结果

取同一稀释度的平板培养物，依菌落计数原则进行计算。

1．菌落计数原则

进行培养皿菌落计算时，可以用肉眼观察，也可用放大镜和菌落计数器计算。记下同一浓度 2 个培养皿的菌落总数，计算平均值，再乘以稀释倍数即为 1 mL 水样中的细菌菌落总数。若同一稀释浓度中一个培养皿上有较大片状菌落生长时，则不宜采用，而应以无片状菌落生长的培养皿作为该稀释度的平均菌落数。若片状菌落的大小约为培养皿的一半，而另一半培养皿上菌落分布很均匀时，则可按半个培养皿上的菌落数乘 2 作为整个平皿的菌落数，然后再计算该稀释度的平均菌落数。

2．计算方法

①实训中，当只有一个稀释度的平均菌落数符合 30～300/皿时，则以该平均

菌落数乘其稀释倍数即为该水样的细菌总数。

②若有两个稀释度的平均菌落数均在 30～300，则按两者菌落总数之比值来决定。若其比值小于 2，应采取两者的平均数；若大于 2，则取其中较小的菌落总数。

③若所有稀释度的平均菌落数均大于 300，则应按稀释度最高的平均菌落数乘以稀释倍数。

④若所有稀释度的平均菌落数均小于 30，则应按稀释度最低的平均菌落数乘以稀释倍数。

⑤若所有稀释度的平均菌落数均不在 30～300，则以最近 300 或 30 的平均菌落数乘以稀释倍数。

3．菌落计数及报告

菌落数在 100 以内时按实有数据报告，大于 100 时，采用两位有效数字，在两位有效数字后面的位数，以四舍五入方法计算。为了缩短数字后面的零数，可用 10 的指数来表示（表 31-1 报告方式栏），在报告菌落数为“无法计数”时应注明水样的稀释倍数。

表 31-1　稀释度选择及菌落总数报告方式

例次	不同稀释度的平均菌落数			两个稀释度菌落数之比	菌落总数/（CFU/mL）	报告方式/（CFU/mL）
	10^{-1}	10^{-2}	10^{-3}			
1	1 365	164	20	—	16 400	16 000 或 1.6×10^4
2	2 760	295	46	1.6	37 750	38 000 或 3.8×10^4
3	2 890	271	60	2.2	27 100	27 000 或 2.7×10^4
4	无法计数	4 651	513	—	513 000	510 000 或 5.1×10^5
5	27	11	5	—	270	270 或 2.7×10^2
6	无法计数	305	12	—	30 500	31 000 或 3.1×10^4

表 31-2 自来水细菌总数测定结果

平板	菌落数	1 mL 自来水中细菌总数
1		
2		

表 31-3 池水、河水或湖水细菌总数测定结果

稀释度	10^{-1}		10^{-2}		10^{-3}	
平板	1	2	1	2	1	2
菌落数						
平均菌落数						
细菌总数/mL						

五、注意事项

①从取样到检验不宜超过 4 h。若不能及时检测，应将水样保存在 10℃以下的冷藏设备中，但不得超过 24 h，并需在检验报告上注明。

②理解每个培养皿的菌落数、每个稀释度的平均菌落数（代表值）和细菌总数三者之间的关系。

思政小课堂：小细节决定大成败——微生物实验中的“小心思”

环境监测力求客观公正、数据准确。差之毫厘，谬以千里。一个操作、一个小数点、几十秒时间……看似微不足道的细节都会决定实验成败。

大智慧来自小细节。微生物实验成败的关键在于细节的把控，我们只有把握好细节，才能获得实验的成功。

1．无菌操作技术中的接种细节

微生物接种过程中，需要对接种环进行高温灭菌，从而实现无菌操作。微生物的接种，一般在火焰旁进行，并用火焰直接灼烧接种环，以达到灭菌效果。但需要注意的是，一定要保证接种环冷却后进行接种，否则高温接种环容易烫死微生物。

2．高压蒸汽灭菌中的安全细节

高压蒸汽灭菌的原理是：通过高压使水的沸点升高，达到高于 100℃的温度条件，导致微生物蛋白质凝固变性从而实现灭菌目的。需要注意的是，灭菌完成后，应打开排气阀，但不可立即打开高压灭菌锅，应待高压灭菌锅压力表显示为常压后，方可缓缓打开高压锅，以免高温蒸汽大量排出，对实验人员造成烫伤。

3．倒培养基应注意的操作细节

往培养皿中倒入液体培养基后应立即充分摇匀，但动作需要小心、轻缓，否则液体培养基容易溢出培养皿。另外，倒入培养基后应认真观察，待培养基充分凝固后将其倒置并存放于恒温培养箱中。若未待培养基充分凝固而匆忙进行倒置，培养基易发生塌落，导致实验失败。

4．微生物实验室废物处理细节

①操作致病性或有潜在危害的实验对象时，必须穿戴手套、口罩和防护服。

②微生物实验室产生的致病性废物必须严格处理，致病性废物必须加以隔离。所有收集致病性废物的容器都应有“生物危害”标志，并使用红色容器。

③致病性微生物接触的设备和玻璃器皿均通过高压灭菌锅处理灭菌。处理过程应保证在 121℃进行，时间为 60 ~ 90 min。

④微生物实验后，培养基不能随生活垃圾处理，应做高温灭菌处理。

实训 32 水中总大肠菌群的测定

一、实训原理

总大肠菌群是指能在 37℃下生长并能在 24 h 内发酵乳酸产酸产气的兼性厌氧、无芽孢的革兰氏阴性杆菌（G 菌）总称，主要包括埃希氏菌属（*Escherichia*）、柠檬酸细菌属（*Citrobacter*）、克雷伯氏菌属（*Klebsiella*）及肠杆菌属（*Enterobacter*）。

大肠菌群检测方法有多管发酵法和滤膜法，本实训采用多管发酵法也被称为水的标准分析法，适用于饮用水、水源水，特别是浑浊度高的水中大肠菌群的测定。该方法是根据大肠菌群细菌能发酵乳酸、产酸产气以及具备革兰氏染色阴性、无芽孢呈杆状等有关特性，通过三个步骤（初发酵试验、平板分离和复发酵试验）进行检验，确定大肠菌群的阳性管数后在检索表中查出大肠菌群的近似值。

多管发酵法是以最可能数（most probable number，MPN）来表示试验结果的。实际上它是根据统计学理论，估计水体中的大肠菌群密度和卫生质量的一种方法。如果从理论上考虑，并且进行大量的重复检定，可以发现这种估计有大于实际数字的倾向。不过只要每一稀释度试管重复数目增加，这种差异便会减少，对于细菌含量的估计值，大部分取决于那些既显示阳性又显示阴性的稀释度。因此在实验设计上，水样检验重复的数目，要根据所要求数据的准确度而定。

二、仪器与试剂

1. 仪器

高压蒸汽灭菌器，恒温培养箱，生物显微镜，载玻片，盖玻片，酒精灯，接种棒，培养皿，试管，吸管，烧杯，锥形瓶，移液管，采样瓶等。

2．试剂

（1）乳糖蛋白胨培养液

蛋白胨 10 g、牛肉膏 3 g、乳糖、氯化钠 5 g、1.6%溴甲酚紫乙醇溶液 1 mL、蒸馏水 1 000 mL、pH 为 7.2～7.4。

将蛋白胨、牛肉膏、乳糖和氯化钠加热溶解于 1 000 mL 蒸馏水中，调节溶液 pH 为 7.2～7.4，再加入 1.6%溴甲酚紫乙醇溶液 1 mL，充分混匀，分装于含有倒置的发酵管的试管中，每管 10 mL。塞好棉塞，包装后灭菌，在 115℃高压灭菌器中灭菌 20 min，贮存于冷暗处备用。

（2）3 倍浓缩乳糖蛋白胨培养液

按上述乳糖蛋白胨培养液浓缩 3 倍配制，分装于含有倒置的发酵管的试管中，每管 5 mL，分装于含有倒置的发酵管的大试管（锥形瓶）中，每管（瓶）50 mL。塞好棉塞，包装后灭菌，灭菌方法同上。

（3）伊红美蓝培养基

蛋白胨 10 g、乳糖 10 g、磷酸二氢钾 2 g、琼脂 20～30 g、蒸馏水 1 000 mL、2%伊红水溶液 20 mL、0.5%美蓝水溶液 13 mL、pH 为 7.2～7.4。

①贮备培养基的制备：先将琼脂加到蒸馏水中，加热溶解。再加入磷酸二氢钾及蛋白胨，混合使之溶解，用蒸馏水补充至 1 000 mL，调节溶液 pH 至 7.2～7.4。趁热用脱脂棉或绒布过滤，再加入乳糖，混匀后定量分装于 250 mL 或 500 mL 锥形瓶内，于 115℃高压灭菌器中灭菌 20 min，贮于冷暗处备用。

②平皿培养基的制备：将上述制备的贮备培养基溶化。根据锥形瓶内培养基的容量，用灭菌吸管按比例分别加入无菌 2%伊红水溶液和 0.5%美蓝水溶液，并充分混匀（防止产生气泡），立即将此培养基适量倾入已灭菌的空培养皿内，待冷却凝固后，置于冰箱内备用。

3．其他试剂

革兰氏染色液一套，二甲苯，香柏油，无菌水，pH 试纸，100 g/L NaOH，10% HCl。

三、实训步骤

1. 装样培养

于各装有 5 mL 3 倍浓缩乳糖蛋白胨培养液的 5 个试管中（内有倒管），分别加入 10 mL 水样；于各装有 10 mL 乳糖蛋白胨培养液的 5 个试管中（内有倒管），分别加入 1 mL 水样；再于各装有 10 mL 乳糖蛋白胨培养液的 5 个试管中（内有倒管）分别加入 1 mL 1∶10 稀释的水样。共计 15 管，3 个稀释度。将各管充分混匀，置于 37℃恒温箱内培养 24 h。

2. 平板分离

上述各发酵管经培养 24 h 后，将产酸、产气及只产酸的发酵管分别接种于伊红美蓝培养基培养基上，置于 37℃恒温箱内培养 24 h，挑选符合下列特征的菌落：

伊红美蓝培养基上——深紫黑色，具有金属光泽的菌落；紫黑色，不带或略带金属光泽的菌落；淡紫红色，中心色较深的菌落。

取上述特征的群落进行革兰氏染色：

①用已培养 18～24 h 的培养物涂片，涂层要薄。

②将涂片在火焰上加温固定，待冷却后滴加结晶紫溶液，1 min 后用水洗去。

③滴加助色剂，1 min 后用水洗去。

④滴加脱色剂，摇动玻片，直至无紫色脱落为止（20～30 s），用水洗去。

⑤滴加复染剂，1 min 后用水洗去，晾干、镜检，呈紫色者为革兰氏阳性菌，呈红色者为阴性菌。

3. 复发酵试验

上述涂片镜检的菌落如为革兰氏阴性无芽孢的杆菌，则挑选该菌落的另一部分接种于装有普通浓度乳糖蛋白胨培养液的试管中（内有倒管），每管可接种分离自同一初发酵管（瓶）的最典型菌落 1～3 个，然后置于 37℃恒温箱中培养 24 h，有产酸、产气者（不论导管内气体多少皆作为产气），即证实有大肠菌群存在。根据证实有大肠菌群存在的阳性管（瓶）数查表 32-1，报告每升水样中的大肠菌群数。

表 32-1 大肠菌群检数表

接种水样总量 300 mL（100 mL 2 份，10 mL 10 份）

10 mL 水量的阳性管数	100 mL 水量的阳性瓶数		
	0	1	2
	1 L 水样中大肠菌群数	1 L 水样中大肠菌群数	1 L 水样中大肠菌群数
0	<3	4	11
1	3	8	18
2	7	13	27
3	11	18	38
4	14	24	52
5	18	30	70
6	22	36	92
7	27	43	120
8	31	51	161
9	36	60	230
10	40	69	>230

4．稀释

对污染严重的地表水和废水，初发酵试验的接种水样应作 1∶10、1∶100、1∶1 000 或更高倍数的稀释。

如果接种的水样量不是 10 mL、1 mL 和 0.1 mL，而是较低或较高三个浓度的水样量，也可查表 32-2 求得 MPN 指数，再经下面公式换算成每 100 mL 的 MPN 值。

$$\text{MPN} = \text{MPN指数} \times \frac{10\ \text{mL}}{\text{接种量最大的一管的水样量}}$$

表 32-2 最可能数（MPN）表

（接种 5 份 10 mL 水样、5 份 1 mL 水样、5 份 0.1 mL 水样时，

不同阳性及阴性情况下 100 mL 水样中细菌数的最可能数和 95%可信限值）

出现阳性份数			每 100 mL 水样中细菌数的最可能数	95%可信限值		出现阳性份数			每 100 mL 水样中细菌数的最可能数	95%可信限值	
10 mL 管	1 mL 管	0.1 mL 管		下限	上限	10 mL 管	1 mL 管	0.1 mL 管		下限	上限
0	0	0	<2			2	0	1	7	1	17
0	0	1	2	<0.5	7	2	1	0	7	1	17
0	1	0	2	<0.5	7	2	1	1	9	2	21
0	2	0	4	<0.5	11	2	2	0	9	2	21
1	0	0	2	<0.5	7	2	3	0	12	3	28
1	0	1	4	<0.5	11	3	0	0	8	1	19
1	1	0	4	<0.5	15	3	0	1	11	2	25
1	1	1	6	<0.5	15	3	1	0	11	2	25
1	2	0	6	<0.5	15	3	1	1	14	4	34
2	0	0	5	<0.5	13	3	2	0	14	4	34
3	2	1	17	5	46	5	2	0	49	17	130
3	3	0	17	5	46	5	2	1	70	23	170
4	0	0	13	3	31	5	2	2	94	28	220
4	0	1	17	5	46	5	3	0	79	25	190
4	1	0	17	5	46	5	3	1	110	31	250
4	1	1	21	7	63	5	3	2	140	37	310
4	1	2	26	9	78	5	3	3	180	44	500
4	2	0	22	7	67	5	4	0	130	35	300
4	2	1	26	9	78	5	4	1	170	43	190
4	3	0	27	9	80	5	4	2	220	57	700
4	3	1	33	11	93	5	4	3	280	90	850
4	4	0	34	12	93	5	4	4	350	120	1 000
5	0	0	23	7	70	5	5	0	240	68	750
5	0	1	34	11	89	5	5	1	350	120	1 000
5	0	2	43	15	110	5	5	2	540	180	1 400
5	1	0	33	11	93	5	5	3	920	300	3 200
5	1	1	46	16	120	5	5	4	1 600	640	5 800
5	1	2	63	21	150	5	5	5	≥2 400		

四、实训结果

结果详见表 32-3。

表 32-3　水中总大肠菌群测定结果

初发酵管			复发酵管数/个	阳性管数/个
初发酵管数	每管取样数/mL	产酸产气管数/个		
5	10			
5	1			
5	0.1			
查表结果得出总大肠菌群数/（个/L）				

五、注意事项

①严格无菌操作，防止污染。

②平板培养基配制过程中，要保证混合液和融化的贮备培养基充分混合，并防止气泡产生。

实训 33 富营养水体中蓝藻密度的测定

一、实训原理

湖泊富营养化是水体受氮、磷的污染，导致藻类旺盛生长的结果。此类水体的藻类叶绿素 a 质量浓度常大于 10 ug/L。本实训通过测定不同水体中藻类的叶绿素 a 的质量浓度，推断其富营养化的程度。

“叶绿素 a 法”是生物监测浮游藻类的一种方法。根据叶绿素的光学特征，叶绿素可分为 a、b、c、d 和 e 五类，其中叶绿素 a 存在于所有的浮游藻类中，是最重要的一类叶绿素。叶绿素 a 的含量，在浮游藻类中占有机质干重的 1%～2%，是估算藻类生物量的一个良好指标。

二、仪器与试剂

1. 仪器

分光光度计（波长选择大于 750 nm，精度为 0.5～2 nm），台式离心机，冰箱，真空泵（最大压力不超过 300 kPa），匀浆器（或小研钵），蔡氏滤器等。

2. 试剂

①滤膜：0.45 μm，直径 47 mm。

② $MgCO_3$ 悬液：1 g $MgCO_3$ 细粉悬浮于 100 mL 蒸馏水中。

③90%的丙酮（90%的乙醇）溶液：90 份丙酮（乙醇）+10 份蒸馏水。

④水样：两种不同污染程度的水样各 100 mL。

三、实训步骤

1. 清洗玻璃仪器

整个实训中所使用的玻璃仪器应全部用洗涤剂清洗干净，避免酸性条件引起叶绿素 a 的分解。

2．过滤水样

在蔡氏滤器上装好滤膜，取两种水样各 50 mL 减压过滤。待水样剩余若干毫升之前加入 0.2 mL $MgCO_3$ 悬浊液，摇匀直至抽干水样。加入 $MgCO_3$ 可增进藻细胞滞留在滤膜上，同时可以防止提取过程中叶绿素 a 被分解。如果过滤后的载藻滤膜不能马上进行提取处理，则应将其置于干燥器内，放暗处 4℃保存，放置时间最多不能超过 48 h。

3．提取

将滤膜放于匀浆器或小研钵内，加 2～3 mL 90%的丙酮（乙醇）溶液，匀浆，以破碎藻细胞。然后用移液管将匀浆液移入刻度离心管中，用 5 mL 90%丙酮（乙醇）冲洗 2 次，最后补加 90%的丙酮（乙醇）于离心管中，使管内总体积为 10 mL。

4．离心

提取完毕后离心（3 500 r/min）10 min，取出离心管，用移液管将上清液移入刻度离心管中，塞上塞子，再离心 10 min。准确记录提取液的体积。

5．测定光密度

藻类叶绿素 a 具有其独特的吸收光谱（663 nm），可用分光光度法测其含量，用移液管将提取液移入 1 cm 比色杯中，以 90%的丙酮溶液作为空白，分别在 750 nm、663 nm、645 nm 及 630 nm 波长下测提取液的光密度（OD）。此过程中，必须控制样品提取液的 OD_{663} 为 0.2～1.0，如不在此范围内，应调换比色杯，或改变过滤水样量。OD_{663} 小于 0.2 时，应改用较宽的比色杯或增加水样量；OD_{663} 大于 1.0 时，可稀释提取液或减少水样滤过量，使用 1 cm 比色杯比色。

6．叶绿素 a 质量浓度计算

将样品提取液在 663 nm、645 nm 及 630 nm 波长下的光密度 OD_{663}、OD_{645}、OD_{630} 分别减去在 750 nm 下的光密度 OD_{750}，此值为非选择性本底物光吸收校正值。叶绿素 a 质量浓度（μg/L）计算公式如下：

样品提取液中的叶绿素 a 浓度（$\rho_{a\,提取液}$）：

$\rho_{a\text{提取液}}=11.64(OD_{663}-OD_{750})-2.16(OD_{645}-OD_{750})+0.1(OD_{630}-OD_{750})$

水样中叶绿素 a 浓度：

$$\rho_{a\text{水样}}=\frac{\rho_{a\text{提取液}}\times V_{\text{丙酮}}}{V_{\text{水样}}}$$

式中：$\rho_{a\text{提取液}}$——样品提取液中的叶绿素 a 质量浓度，μg/L；

$V_{\text{丙酮}}$——90%的丙酮体积，mL；

$V_{\text{水样}}$——过滤水样体积，mL。

四、实训结果

将测定结果记录于表 33-1 中。

表 33-1　藻类叶绿素 a 测定结果

水样	OD_{750}	OD_{663}	OD_{645}	OD_{630}	叶绿素 a/（μg/L）
A					
B					

根据测定结果，参照表 33-2 中指标评价被测水样的富营养化程度。

表 33-2　湖泊富营养化的叶绿素 a 评价标准

指标	贫营养型	中营养型	富营养化型
叶绿素 a /（μg/L）	＜4	4～10	10～100

五、思考

①比较两种水样中的叶绿素 a 质量浓度，并判断它们的污染程度。

②如何保证水样叶绿素 a 质量浓度测定结果的准确性？应注意哪几个方面的问题？

实训 34　微生物个体形态的观察

一、实训原理

显微镜是观察微观世界的重要工具。随着现代科学技术的发展，显微镜的种类越来越多，用途也越来越广泛。微生物学实训中最常用的是普通光学显微镜，其结构分机械装置和光学系统两部分。显微镜的结构如图 34-1 所示。

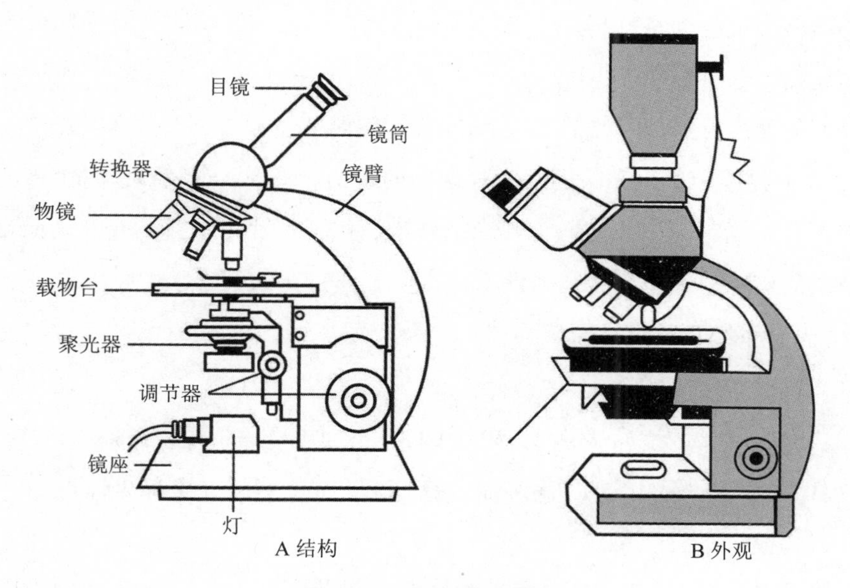

图 34-1　显微镜的结构

1．机械装置

①镜筒：镜筒上端装目镜，下端接转换器。镜筒有单筒和双筒两种。单筒有直立式（长度为 160 mm）和后倾斜式（倾斜 45°）。双筒全是倾斜式的，其中一个筒有屈光度调节装置，以备两眼视力不同者调节使用；两筒之间可调距离，以适应两眼瞳孔距不同者调节使用。

②转换器：转换器装在镜筒的下方，其上有3～5个孔，不同规格的物镜分别安装在各孔下方，螺旋拧紧。

③载物台：载物台为方形（多数）和圆形的平台，中央有一通光孔，孔的两侧装有标本夹。载物台上还有移动器（其上有制度标尺），标本片可纵向（Y轴）和横向（X 轴）移动，可分别用移动手轮调节，使观察者能观察到标本片不同位置的目的物。

④镜臂（主体）：镜臂支撑镜筒、载物台、聚光器和调节器。镜臂有固定式和活动式（可改交倾斜度）两种。

⑤镜座：镜座为马蹄形，支撑整台显微镜，其上装有灯源（有的用反光镜，也在此处）。

⑥调节器：为焦距的调节器（手轮），有粗调节器和微调节器各一个（组合安装）。可调节物镜和所需观察的标本片之间的距离。调节器有装在镜臂上方或下方的两种，装在镜臂上方的是通过升降镜臂来调焦距，装在镜臂下方的是通过升降载物台来调焦距，新型显微镜的调节器多半装在镜臂的下方。

2．光学系统及其光学原理

（1）目镜

一般的光学显微镜均备有2～3个（对）不同规格的目镜。例如，5倍（5×）、10倍（10×）和15倍（15×）。高级显微镜除了上述3种外，还有20倍（20×）的。

（2）物镜

物镜装在转换器的孔上，物镜一般包括低倍镜（4×、10×、20×）、高倍镜（40×）和油镜（100×）。物镜的性能由数值孔径（numerical aperture，N.A.）决定，数值孔径$(\text{N.A.}) = n \times \sin\frac{\alpha}{2}$，其意为玻片和物镜之间的折射率（$n$）乘以光线投射到物镜上的最大夹角（$\alpha$）的一半的正弦。光线投射到物镜的角度越大，显微镜的效能越大，该角度的大小取决于物镜的直径和焦距。n 为物镜与标本间的折射率，是影响数值孔径的因素之一，空气的折射率 n=1，水的折射率 n=1.33，香柏油的

折射率 n =1.52，用油镜时光线入射角（$\frac{\alpha}{2}$）为 60°，则 sin60°=0.87。油镜的作用如图 34-2 所示。

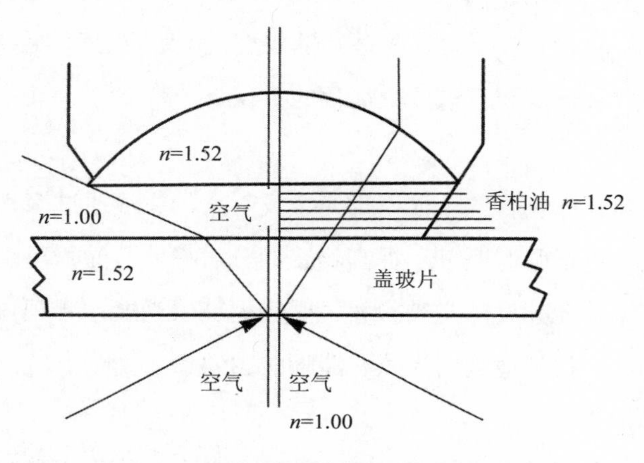

图 34-2　油镜的原理

以空气为介质时：N.A.=1×0.87=0.87

以水为介质时：N.A.=1.33×0.87=1.16

以乔柏油为介质时：N.A.=1.52×0.87=1.32

显微镜的性能主要取决于分辨力的大小，也叫分辨率，是指显微镜能分辨出物体两点间的最小距离，可用下式表示：

$$\delta=0.61\times\lambda/\text{N.A.}$$

分辨率的大小与光的波长、数值孔径等有关。因为普通光学显微镜所用的照明光源不可能超过可见光的波长范围（400～770 nm），所以试图通过缩短光的波长去提高物镜的分辨率是不可能的。影响分辨率的另一因素是数值孔径，数值孔径又与镜口角（α）和折射率有关，当 $\sin\frac{\alpha}{2}$ 最大时，$\frac{\alpha}{2}$=90°，就是说进入透镜的光线与光轴成 90°角，这显然是不可能的，所以 $\sin\frac{\alpha}{2}$ 的最大值总是小于 1。而各种介质的折射率是不同的，所以，可利用不同介质的折射率去相应地提高显微镜的分辨率。

物镜上标有各种字样，如“1.25”、“100×”、“oil”、“160/0.17”、“0.16”等。其中“1.25”为数值孔径；“100×”为放大倍数；“oil”表示油镜；“160/0.17”中 160 表示镜筒长，0.17 表示要求盖玻片的厚度；0.16 为工作距离。显微镜的总放大倍数为物镜放大倍数和目镜放大倍数的乘积。

（3）聚光器

聚光器安装在载物台的下面，反光镜反射来的光线通过聚光器被聚集成光锥照射到标本上，可增强照明度，提高物镜的分辨率。聚光器可上、下调节，它中间装有光圈可调节光亮度，当转换物镜时需调节聚光器，合理调节聚光器的高度和光圈的大小，可得到适当的光照和清晰的图像。

（4）滤光片

自然光由各种颜色的光组成。如只需某一波长的光线，可选用合适的滤光片，以提高分辨率，增加反差和清晰度。滤光片有紫、青、蓝、绿、黄、橙、红等颜色。根据标本颜色，在聚光器下加相应的滤光片。

二、实训方法

1．低倍镜的操作

①置显微镜于固定的桌上：窗外不宜有妨碍视线之物。

②旋动转换器，将低倍镜移到镜筒正下方的工作位置。

③转动反光镜（有内源灯的可直接使用）向着光源处采集光源，同时用眼对准目镜（选用适当放大倍数的目镜）仔细观察，使视野亮度均匀。

④将标本片放在载物台上，使观察的目的物置于圆孔的正中央。

⑤将粗调节器向下旋转（或载物台向上旋转），眼睛注视物镜，以防物镜和载玻片相碰。当物镜的尖端距载玻片约 0.5 cm 处时停止旋转。一般先用低倍镜调节，此时的物镜和载玻片不会相碰。

⑥左眼对着目镜观察，将粗调节器向上旋转，如果见到目的物，但不十分清

楚，可用细调节器调节，到目的物清晰为止。

⑦如果粗调节器旋得太快，超过焦点，必须从第⑤步重调，不应在正视目镜情况下调粗调节器，以防物镜与载玻片相碰，损坏镜头。在此过程中，必须同时利用载物台上的移片器，使观察范围更广。

⑧观察时两眼同时睁开（双眼不感疲劳）。使用单筒显微镜时应习惯用左眼观察，以便于绘图。

2．高倍镜的操作

①先用低倍镜找到目的物并移至中央。

②旋动转换器，换至高倍镜。

③观察目的物，同时微微上下转动细调节钮，直至视野内见到清晰的目的物为止。显微镜在设计过程中都是共焦点的，即低倍镜对焦后，换至高倍镜时，一般都能对准焦点，看到物像。若有点模糊，用细调节器调节就可以变得清晰。

3．油镜的操作

①先按低倍镜到高倍值的操作步骤找到目的物，并将目的物移至视野正中。

②在载玻片上滴 1 滴柏油，将油镜移至正中使镜面浸没在油中，刚好贴近载玻片。在一般情况下，转过油镜即可看到目的物，如不够清晰，可来回调节细调节钮，就可看清目的物。

③油镜观察完毕，用擦镜纸将镜头上的油擦净，另用擦镜纸蘸少许二甲苯（或无水酒精）擦拭镜头，再用擦镜纸擦干。如使用过程中高倍镜也碰到了油，必须用同样的方法擦拭高倍镜。所以用油镜时，可直接从低倍镜转换到油镜观察。

三、微生物个体形态观察

1．仪器和试剂

①显微镜，擦镜纸，香柏油或液状石蜡，二甲苯，无水酒精。

②示范片。细菌三型（球状、杆状、螺旋状）、放线菌、念珠蓝细菌、霉菌、酵母菌、原生动物等。

③蓝细菌培养液。

2．实训内容和操作方法

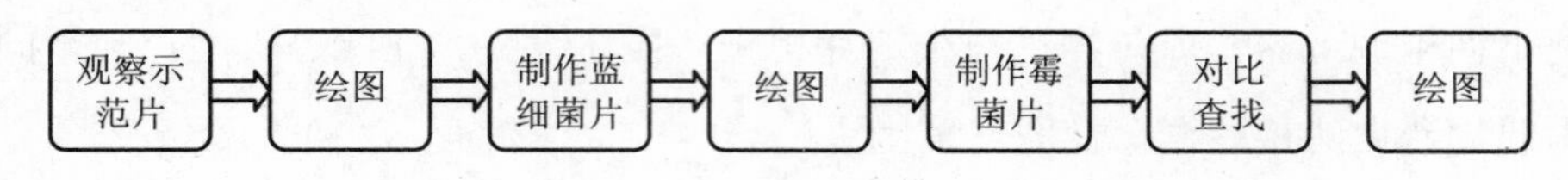

图 34-3 实训流程

①严格按光学显微镜的操作方法，依低倍、高倍及油镜的次序逐个观察杆状、球状、弧状及丝状的细菌示范片，绘出大肠杆菌的形态图。

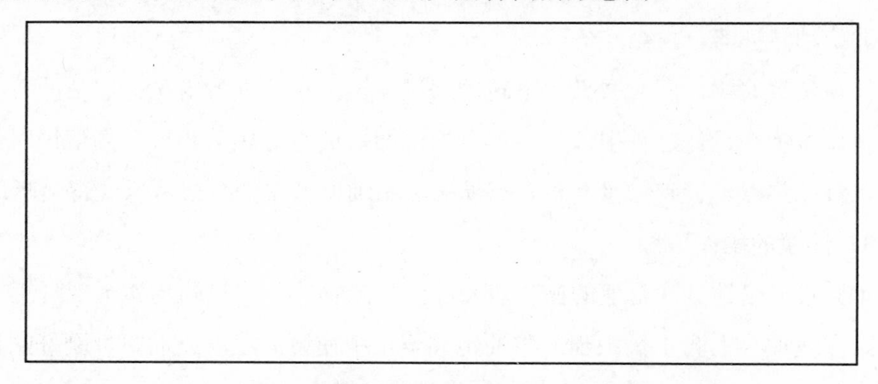

图 34-4 大肠杆菌形态图

②同样方法逐个观察放线菌的示范片，绘出其形态图。

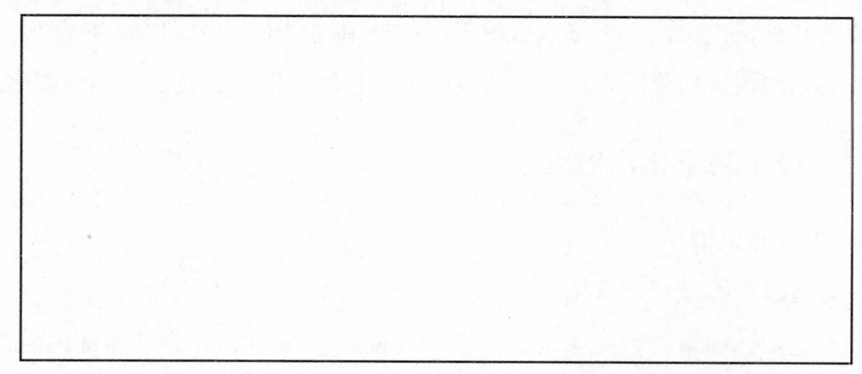

图 34-5 放线菌形态图

③同样方法逐个观察酵母菌、霉菌和原（后）生动物等示范片，绘出形态图。

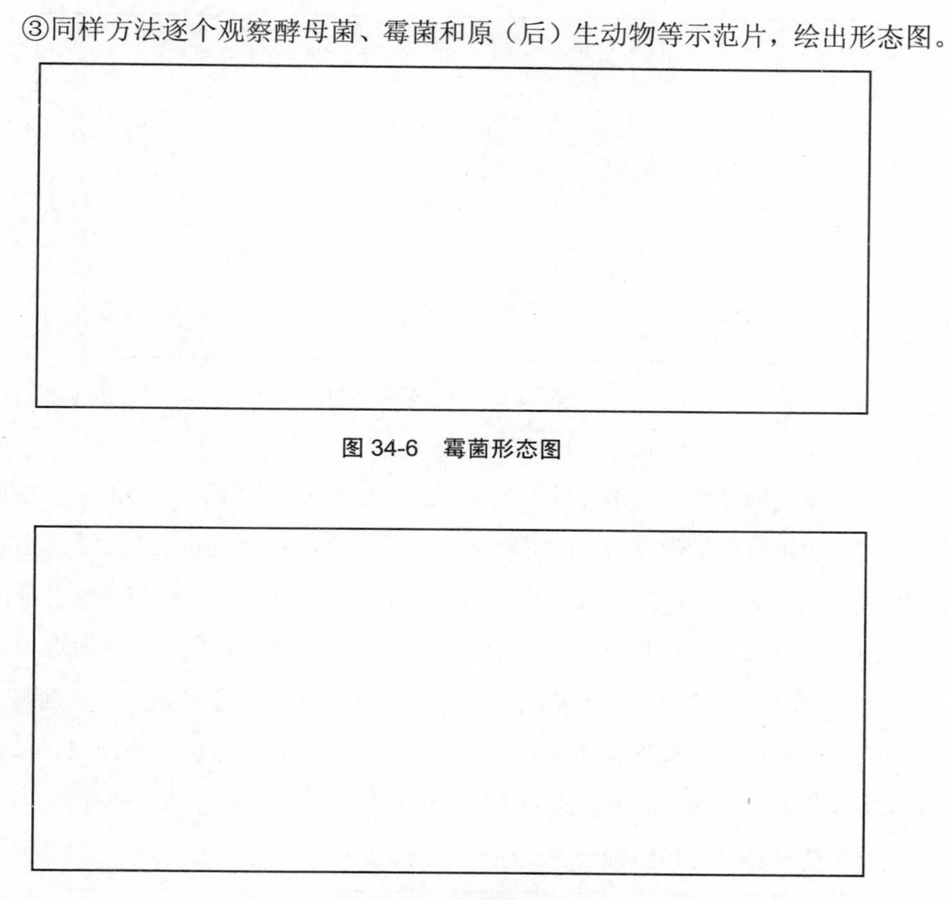

图 34-6　霉菌形态图

图 34-7　轮虫形态图

④用压滴法制作微囊蓝细菌培养液、富营养化水体的水样标本片，制作方法如图 34-8 所示。取一片干净的载玻片放在实训台上，用滴管吸取试管中的培养液（或水样）于载玻片的中央，用干净的盖玻片覆盖在液滴上（注意不要有气泡）即成标本片，用低倍镜和高倍镜观察，绘制形态图。

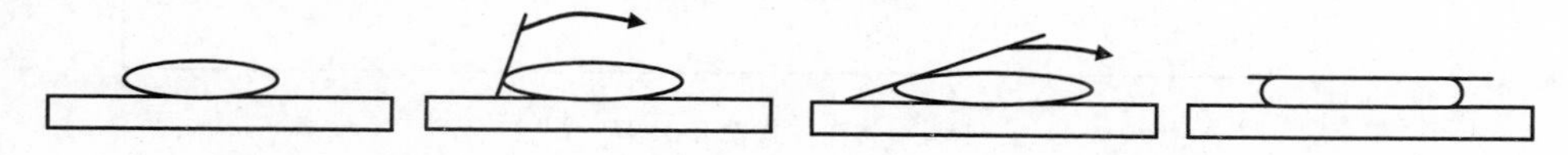

图 34-8　用压滴法制作标本示意图

图 34-9　蓝细菌形态图

⑤在载玻片上滴加一滴乳酸石炭酸棉蓝染色液或蒸馏水，用解剖针从生长有霉菌的斜面挑取少量带有孢子的霉菌菌丝，用 50%的乙醇浸润，再用蒸馏水将浸过的菌丝洗一下，然后放入载玻片上的液滴中，仔细地用解剖针将菌丝分散开来（也可省略酒精和水浸润，洗涤）。注意取菌时，毛霉和根霉用解剖针挑取少量菌丝即可，青霉和黑曲霉和培养基结合紧密，不易挑取，可连培养基一起挑取，再在染液中分离菌丝。青霉和曲霉的培养时间不宜过长，一般为 2～2.5 d，以免菌丝与培养基不好剥离。盖上盖玻片（勿产生气泡，且不要再移动盖玻片），先用低倍镜，必要时转换高倍镜镜检并记录观察结果。

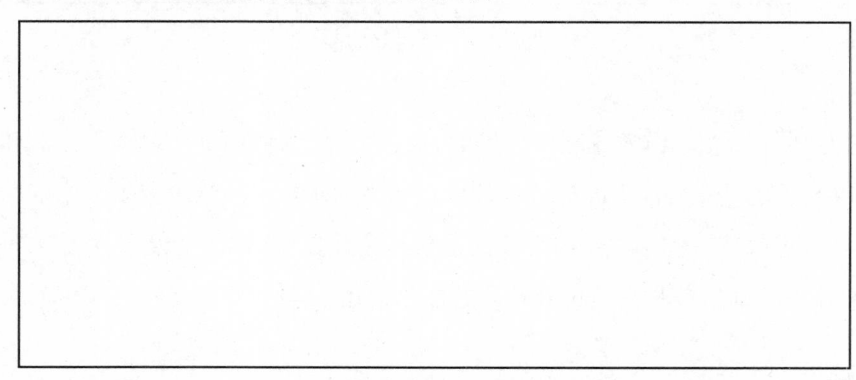

图 34-10　霉菌形态图

 思政小课堂：敬畏生命，心怀感恩——抗疫是弥足珍贵的人生大课

2019 年年底，一场突如其来的疫情从武汉暴发，迅速蔓延至全球各地。

抗疫是弥足珍贵的人生大课，每天不断更新的疫情数据，让我们认识到：每个人、动物都是大自然的一部分，我们不仅要关注自身的生命，更要尊重他人的生命以及野生动物的生命，我们必须重新审视人与动物在同一个地球共生的意义。

SARS 病毒、埃博拉病毒和新型冠状病毒让我们意识到在大自然面前人类的渺小，一切生命，都值得敬畏。人类没有理由，也没有能力与大自然对抗。因此，我们必须要敬畏自然、尊重自然，自我约束，停止向大自然过度索取，停止对自然万物恣意妄为。

在全国疫情形势严峻之时，一批批的"逆行者"以生命为誓言，走上了抗击新型冠状病毒肺炎的最前线。面对这场来势汹汹的新型冠状病毒肺炎疫情，无数医护工作者奋战一线、共同抗疫。耄耋之年的钟南山院士和古稀之年的李兰娟院士以及支援湖北的 4 万多名医护人员，彰显了科技工作者、医务工作者的责任与担当。从寒冬，到春天，他们在用生命守护生命，用行动诠释责任担当，建立了最坚固的防护堡垒，守护着人民的平安。

从党中央的果断决策和安排部署，到举国上下居家"禁足"抗疫，充分体现了党中央的号召力和全国人民的凝聚力；火神山医院、雷神山医院十天建成，彰显了中国力量，充分体现了我国社会主义制度的优越性。我们要始终坚持党的坚强领导，夺取抗疫的最终胜利。

作为一种新发传染病，人类对新冠肺炎的认识还不够深入。传染源、传播致病机理等理论研究能否取得重大突破，能否筛选出针对新冠肺炎预防或治疗的有效药物，是全社会乃至全世界关注的焦点。打赢新冠肺炎疫情防控的人民战争、总体战、阻击战，科技是重要支撑，科研工作者是重要力量。

在人类与疫病的斗争中，防疫战也是科技战。加快科技研发攻关，切实提高疫情防控的科学性和有效性，使先进科技成为诊疗疫病的制胜利器，使科学态度成为群防群控的力量源泉，抗疫之战必将获胜！

附　　录

附录 1 《地表水环境质量标准》（GB 3838—2002）（节选）

表 1 地表水环境质量标准基本项目标准限值

单位：mg/L

序号	标准值分类 项目	Ⅰ类	Ⅱ类	Ⅲ类	Ⅳ类	Ⅴ类
1	水温/℃	人为造成的环境水温变化应限制在：周平均最大温升≤1；周平均最大温降≤2				
2	pH 值	6～9				
3	溶解氧≥	饱和率 90%（或 7.5）	6	5	3	2
4	高锰酸盐指数≤	2	4	6	10	15
5	化学需氧量（COD）≤	15	15	20	30	40
6	五日生化需氧量（BOD_5）≤	3	3	4	6	10
7	氨氮（NH_3-N）≤	0.15	0.5	1.0	1.5	2.0
8	总磷（以 P 计）≤	0.02（湖、库 0.01）	0.1（湖、库 0.025）	0.2（湖、库 0.05）	0.3（湖、库 0.1）	0.4（湖、库 0.2）
9	总氮（湖、库、以 N 计）≤	0.2	0.5	1.0	1.5	2.0
10	铜≤	0.01	1.0	1.0	1.0	1.0
11	锌≤	0.05	1.0	1.0	2.0	2.0
12	氟化物（以 F^- 计）≤	1.0	1.0	1.0	1.5	1.5
13	硒≤	0.01	0.01	0.01	0.02	0.02
14	砷≤	0.05	0.05	0.05	0.1	0.1
15	汞≤	0.000 05	0.000 05	0.000 1	0.001	0.001
16	镉≤	0.001	0.005	0.005	0.005	0.01
17	铬（六价）≤	0.01	0.05	0.05	0.05	0.1
18	铅≤	0.01	0.01	0.05	0.05	0.1
19	氰化物≤	0.005	0.05	0.2	0.2	0.2

序号	标准值分类 项目	Ⅰ类	Ⅱ类	Ⅲ类	Ⅳ类	Ⅴ类
20	挥发酚≤	0.002	0.002	0.005	0.01	0.1
21	石油类≤	0.05	0.05	0.05	0.5	1.0
22	阴离子表面活性剂≤	0.2	0.2	0.2	0.3	0.3
23	硫化物≤	0.05	0.1	0.05	0.5	1.0
24	粪大肠菌群/（个/L）≤	200	2 000	10 000	20 000	40 000

表 2　集中式生活饮用水地表水源地补充项目标准限值　单位：mg/L

序号	项目	标准值
1	硫酸盐（以 SO_4^{2-} 计）	250
2	氯化物（以 Cl^- 计）	250
3	硝酸盐（以 N 计）	10
4	铁	0.3
5	锰	0.1

表 3　集中式生活饮用水地表水源地特定项目标准限值　单位：mg/L

序号	项目	标准值	序号	项目	标准值
1	三氯甲烷	0.06	41	丙烯酰胺	0.000 5
2	四氯化碳	0.002	42	丙烯腈	0.1
3	三溴甲烷	0.1	43	邻苯二甲酸二丁酯	0.003
4	二氯甲烷	0.02	44	邻苯二甲酸二（2-乙基已基）酯	0.008
5	1,2-二氯乙烷	0.03	45	水合肼	0.01
6	环氧氯丙烷	0.02	46	四乙基铅	0.000 1
7	氯乙烯	0.005	47	吡啶	0.2
8	1,1-二氯乙烯	0.03	48	松节油	0.2
9	1,2-二氯乙烯	0.05	49	苦味酸	0.5
10	三氯乙烯	0.07	50	丁基黄原酸	0.005
11	四氯乙烯	0.04	51	活性氯	0.01
12	氯丁二烯	0.002	52	滴滴涕	0.001
13	六氯丁二烯	0.000 6	53	林丹	0.002
14	苯乙烯	0.02	54	环氧七氯	0.000 2

序号	项目	标准值	序号	项目	标准值
15	甲醛	0.9	55	对硫磷	0.003
16	乙醛	0.05	56	甲基对硫磷	0.002
17	丙烯醛	0.1	57	马拉硫磷	0.05
18	三氯乙醛	0.01	58	乐果	0.08
19	苯	0.01	59	敌敌畏	0.05
20	甲苯	0.7	60	敌百虫	0.05
21	乙苯	0.3	61	内吸磷	0.03
22	二甲苯①	0.5	62	百菌清	0.01
23	异丙苯	0.25	63	甲萘威	0.05
24	氯苯	0.3	64	溴清菊酯	0.02
25	1,2-二氯苯	1.0	65	阿特拉津	0.003
26	1,4-二氯苯	0.3	66	苯并[*a*]芘	2.8×10^{-6}
27	三氯苯②	0.02	67	甲基汞	1.0×10^{-6}
28	四氯苯③	0.02	68	多氯联苯⑥	2.0×10^{-5}
29	六氯苯	0.05	69	微囊藻毒素-LR	0.001
30	硝基苯	0.017	70	黄磷	0.003
31	二硝基苯④	0.5	71	钼	0.07
32	2,4-二硝基甲苯	0.000 3	72	钴	1.0
33	2,4,6-三硝基甲苯	0.5	73	铍	0.002
34	硝基氯苯⑤	0.05	74	硼	0.5
35	2,4-二硝基氯苯	0.5	75	锑	0.005
36	2,4-二氯苯酚	0.093	76	镍	0.02
37	2,4,6-三氯苯酚	0.2	77	钡	0.7
38	五氯酚	0.009	78	钒	0.05
39	苯胺	0.1	79	钛	0.1
40	联苯胺	0.000 2	80	铊	0.000 1

注：① 二甲苯：对-二甲苯、间-二甲苯、邻-二甲苯。

② 三氯苯：1,2,3-三氯苯、1,2,4-三氯苯、1,3,5-三氯苯。

③ 四氯苯：1,2,3,4-四氯苯、1,2,3,5-四氯苯、1,2,4,5-四氯苯。

④ 二硝基苯：对-二硝基苯、间-二硝基苯、邻-二硝基苯。

⑤ 硝基氯苯：对-硝基氯苯、间-硝基氯苯、邻-硝基氯苯。

⑥ 多氯联苯：PCB-1016、PCB-1221、PCB-1232、PCB-1242、PCB-1248、PCB-1254、PCB-1260。

附录 2 《生活饮用水卫生标准》(GB 5749—2006)(节选)

指 标	限 值
1. 微生物指标[①]	
总大肠菌群/(MPN/100 mL 或 CFU/100 mL)	不得检出
耐热大肠菌群/(MPN/100 mL 或 CFU/100 mL)	不得检出
大肠埃希氏菌/(MPN/100 mL 或 CFU/100 mL)	不得检出
菌落总数/(CFU/mL)	100
2. 毒理指标	
砷/(mg/L)	0.01
镉/(mg/L)	0.005
铬(六价)/(mg/L)	0.05
铅/(mg/L)	0.01
汞/(mg/L)	0.001
硒/(mg/L)	0.01
氰化物/(mg/L)	0.05
氟化物/(mg/L)	1.0
硝酸盐(以 N 计)/(mg/L)	10 地下水源限值为 20
三氯甲烷/(mg/L)	0.06
四氯化碳/(mg/L)	0.002
溴酸盐(使用臭氧时)/(mg/L)	0.01
甲醛(使用臭氧时)/(mg/L)	0.9
亚氯酸盐(使用二氧化氯消毒时)/(mg/L)	0.7
氯酸盐(使用复合二氧化氯消毒时)/(mg/L)	0.7
3. 感官性状和一般化学指标	
色度(铂钴色度单位)	15
浑浊度(NTU-散射浊度单位)	1 水源与净水技术条件限值为 3
臭和味	无异臭、异味
肉眼可见物	无
pH	不小于 6.5 且不大于 8.5
铝/(mg/L)	0.2
铁/(mg/L)	0.3
锰/(mg/L)	0.1
铜/(mg/L)	1.0

指 标	限 值
锌/（mg/L）	1.0
氯化物/（mg/L）	250
硫酸盐/（mg/L）	250
溶解性总固体/（mg/L）	1 000
总硬度（以 $CaCO_3$ 计）/（mg/L）	450
耗氧量（COD_{Mn} 法，以 O_2 计）/（mg/L）	3 水源限制，原水耗氧量＞6 mg/L 时为 5
挥发酚类（以苯酚计）/（mg/L）	0.002
阴离子合成洗涤剂/（mg/L）	0.3
4. 放射性指标②	指导值
总 α 放射性/（Bq/L）	0.5
总 β 放射性/（Bq/L）	1

注：① MPN 表示最可能数；CFU 表示菌落形成单位。当水样检出总大肠菌群时，应进一步检验大肠埃希氏菌或耐热大肠菌群；水样未检出总大肠菌群，不必检验大肠埃希氏菌或耐热大肠菌群。

② 放射性指标超过指导值，应进行核素分析和评价，判定能否饮用。

附录 3 《环境空气质量标准》（GB 3095—2012）（节选）

<table>
<tr><th rowspan="2">序号</th><th rowspan="2">污染物项目</th><th rowspan="2">平均时间</th><th colspan="2">浓度限值</th><th rowspan="2">单位</th></tr>
<tr><th>一级</th><th>二级</th></tr>
<tr><td rowspan="3">1</td><td rowspan="3">二氧化硫（SO_2）</td><td>年平均</td><td>20</td><td>60</td><td rowspan="6">μg/m^3</td></tr>
<tr><td>24 h 平均</td><td>50</td><td>150</td></tr>
<tr><td>1 h 平均</td><td>150</td><td>500</td></tr>
<tr><td rowspan="3">2</td><td rowspan="3">二氧化氮（NO_2）</td><td>年平均</td><td>40</td><td>40</td></tr>
<tr><td>24 h 平均</td><td>80</td><td>80</td></tr>
<tr><td>1 h 平均</td><td>200</td><td>200</td></tr>
<tr><td rowspan="2">3</td><td rowspan="2">一氧化碳（CO）</td><td>24 h 平均</td><td>4</td><td>4</td><td rowspan="2">mg/m^3</td></tr>
<tr><td>1 h 平均</td><td>10</td><td>10</td></tr>
<tr><td rowspan="2">4</td><td rowspan="2">臭氧（O_3）</td><td>日最大 8 h 平均</td><td>100</td><td>160</td><td rowspan="6">μg/m^3</td></tr>
<tr><td>1 h 平均</td><td>160</td><td>200</td></tr>
<tr><td rowspan="2">5</td><td rowspan="2">可吸入颗粒物（PM_{10}）</td><td>年平均</td><td>40</td><td>70</td></tr>
<tr><td>24 h 平均</td><td>50</td><td>150</td></tr>
<tr><td rowspan="2">6</td><td rowspan="2">细颗粒物（$PM_{2.5}$）</td><td>年平均</td><td>15</td><td>35</td></tr>
<tr><td>24 h 平均</td><td>35</td><td>75</td></tr>
</table>

附录 4 《土壤环境质量 农用地土壤污染风险管控标准》（试行）（GB 15618—2018）（节选）

表 1 农用地土壤污染风险筛选值（基本项目） 单位：mg/kg

序号	污染物项目		风险筛选值			
			pH≤5.5	5.5＜pH≤6.5	6.5＜pH≤7.5	pH＞7.5
1	镉	水田	0.3	0.4	0.6	0.8
		其他	0.3	0.3	0.3	0.6
2	汞	水田	0.5	0.5	0.6	1
		其他	1.3	1.8	2.4	3.4
3	砷	水田	30	30	25	20
		其他	40	40	30	25
4	铅	水田	80	100	140	240
		其他	70	90	120	170
5	铬	水田	250	250	300	350
		其他	150	150	200	250
6	铜	水田	150	150	200	200
		其他	50	50	100	100
7	镍		60	70	100	190
8	锌		200	200	250	300

注：①重金属和类金属砷均按元素总量计。

②对于水旱轮作地，采用其中较严格的风险筛选值。

表 2 农用地土壤污染风险筛选值（其他项目） 单位：mg/kg

序号	污染物项目	风险筛选值
1	六六六总量	0.10
2	滴滴涕总量	0.10
3	苯并[a]芘	0.55

注：①六六六总量为α-六六六、β-六六六、γ-六六六、δ-六六六四种异构体的含量总和。

②滴滴涕总量为 p,p'-滴滴伊、p,p'-滴滴滴、p,p'-滴滴涕、p,p'-滴滴涕四种衍生物的含量总和。

表 3 农用地土壤污染风险管制值 单位：mg/kg

序号	污染物项目	风险管制值			
		pH≤5.5	5.5＜pH≤6.5	6.5＜pH≤7.5	pH＞7.5
1	镉	1.5	2.0	3.0	4.0
2	汞	2.0	2.5	4.0	6.0
3	砷	200	150	120	100
4	铅	400	500	700	1 000
5	铬	800	850	1 000	1 300

农用地土壤污染风险筛选值：指农用地土壤中污染物含量等于或者低于该值的，对农产品质量安全、农作物生长或土壤生态环境的风险低，一般情况下可以忽略；超过该值的，对农产品质量安全、农作物生长或土壤生态环境可能存在风险，应当加强土壤环境监测和农产品协同监测，原则上应当采取安全利用措施。

农用地土壤污染风险管制值：指农用地土壤中污染物含量超过该值的，食用农产品不符合质量安全标准等农用地土壤污染风险高，原则上应当采取严格管控措施。

附录 5 《城镇污水处理厂污染物排放标准》（GB 18918—2002）（节选）

基本控制项目最高允许排放浓度（日均值） 单位：mg/L

<table>
<tr><th rowspan="2">序号</th><th rowspan="2" colspan="2">基本控制项目</th><th colspan="2">一级标准</th><th rowspan="2">二级标准</th><th rowspan="2">三级标准</th></tr>
<tr><th>A 标准</th><th>B 标准</th></tr>
<tr><td>1</td><td colspan="2">化学需氧量（COD）</td><td>50</td><td>60</td><td>100</td><td>120[a]</td></tr>
<tr><td>2</td><td colspan="2">生化需氧量（BOD_5）</td><td>10</td><td>20</td><td>30</td><td>60[a]</td></tr>
<tr><td>3</td><td colspan="2">悬浮物（SS）</td><td>10</td><td>20</td><td>30</td><td>50</td></tr>
<tr><td>4</td><td colspan="2">动植物油</td><td>1</td><td>3</td><td>5</td><td>20</td></tr>
<tr><td>5</td><td colspan="2">石油类</td><td>1</td><td>3</td><td>5</td><td>15</td></tr>
<tr><td>6</td><td colspan="2">阴离子表面活性剂</td><td>0.5</td><td>1</td><td>2</td><td>5</td></tr>
<tr><td>7</td><td colspan="2">总氮（以 N 计）</td><td>15</td><td>20</td><td>—</td><td>—</td></tr>
<tr><td>8</td><td colspan="2">氨氮（以 N 计）[b]</td><td>5（8）</td><td>8（15）</td><td>25（30）</td><td>—</td></tr>
<tr><td rowspan="2">9</td><td rowspan="2">总磷（以 P 计）</td><td>2005 年 12 月 31 日前建设的</td><td>1</td><td>1.5</td><td>3</td><td>5</td></tr>
<tr><td>2006 年 1 月 1 日起建设的</td><td>0.5</td><td>1</td><td>3</td><td>5</td></tr>
<tr><td>10</td><td colspan="2">色度（稀释倍数）</td><td>30</td><td>30</td><td>40</td><td>50</td></tr>
<tr><td>11</td><td colspan="2">pH 值</td><td colspan="4">6～9</td></tr>
<tr><td>12</td><td colspan="2">粪大肠菌群数/（个/L）</td><td>10^3</td><td>10^4</td><td>10^4</td><td>—</td></tr>
</table>

注：a. 下列情况下按去除率指标执行，当进水 COD 大于 350 mg/L 时，去除率应大于 60%；BOD 大于 160 mg/L 时，去除率应大于 50%。

b. 括号外数值为水温＞12℃时的控制指标，括号内数值为水温≤12℃时的控制指标。

参考文献

[1] 中国环境监测总站. 环境监测方法标准实用手册（第 1 册）：水监测方法. 北京：中国环境出版社，2013.

[2] 中国环境监测总站. 环境监测方法标准实用手册（第 2 册）：气监测方法. 北京：中国环境出版社，2013.

[3] 中国环境监测总站. 环境监测方法标准实用手册（第 3 册）：土壤、固体废物和生物监测方法. 北京：中国环境出版社，2013.

[4] 奚旦立，孙裕生. 环境监测. 北京：高等教育出版社，2019.

[5] 曾爱斌. 环境监测技术与实训. 北京：中国人民大学出版社，2014.

[6] 孙成. 环境监测实验. 北京：科学出版社，2010.

[7] 秦文淑，黄玲，孙蕾. 环境监测与治理综合实训指导书. 武汉：武汉理工大学出版社，2015.

[8] 陆建刚，赵云霞，许政. 大气环境监测实验. 北京：科学出版社，2017.

[9] 岳梅. 环境监测实验. 合肥：合肥工业大学出版社，2014.

[10] 地表水和污水监测技术规范（HJ/T 91—2002）.

[11] 地表水环境质量标准（GB 3838—2002）.

[12] 城镇污水处理厂污染物排放标准（GB 18918—2002）.

[13] 环境空气质量标准（GB 3095—2012）.

[14] 生活饮用水卫生标准（GB 5749—2006）.

[15] 土壤环境质量 农用地土壤污染风险管控标准（试行）（GB 15618—2018）.

[16] 居住区大气中甲醛卫生检验标准方法 分光光度法（GB/T 16129—1995）.

[17] 环境空气质量监测点位布设技术规范（HJ 664—2013）.

[18] 黄晓静，丘仕梅. 环境现场监测和采样的质量控制策略探究. 当代化工研究，2017（8）：98-99.

[19] 宋云，李培中，郭逸飞. 关于兰州石化泄漏导致自来水苯超标事件的解析. 环境保护，2015（10）：54-56.

[20] 龚坚艰，辛红云. 运用各种相关性审核环境监测数据. 地理与环境，2016（18）：57.

[21] 魏振枢. 环境水化学. 北京：化学工业出版社，2002.

[22] 杨刚，孙健，王美荣，等. 高原地区高锰酸盐指数测定方法条件优化. 治淮，2019（5）：10-11.

[23] 陈俊. 养殖中水体溶解氧的重要性. 植物医生，2016（11）：46-47.

[24] 周筝，吴菊珍，邱诚，等. 成都饮用水水源保护科普读本. 北京：中国环境出版社，2017.